用挖掘机修建砂糖橘园

画定植点

果园绿篱

果园沤肥池

砧木容器苗

大田栽种砧木苗

1

砂糖橘育苗盘

砂糖橘育苗营养袋

1年生砂糖橘树生长状

2年生砂糖橘树结果状

3年生砂糖橘树生长和开花状

6年生砂糖橘树立体结果状

砂糖橘结果母枝生长状

砂糖橘结果母枝结果状

砂糖橘结果枝结果状

砂糖橘丰产园

用树枝支撑垂地的果枝

砂糖橘高接换种当年枝生长状

砂糖橘主枝环割

果园种植肥田萝卜

发育正常的砂糖橘花

放任生长的砂糖橘幼树

砂糖橘栽培 10 项关键技术

陈　杰　编著

金盾出版社

内 容 提 要

本书由江西省赣州农校陈杰老师编著,作者根据长期以来对砂糖橘栽培技术的研究和指导生产的实践经验,总结提炼了砂糖橘10项高效栽培关键技术。内容包括:砂糖橘苗木繁育与良种选育、高标准建园、土壤管理、水分管理、施肥、整形修剪、花果管理、病虫害防治、果实采收与采后处理、周年管理等技术。全书内容系统,图文并茂,形象直观,通俗易懂,技术先进性、实用性和可操作性强,适合广大果农、果树技术推广人员和农林院校相关专业师生学习使用。

图书在版编目(CIP)数据

砂糖橘栽培 10 项关键技术/陈杰编著.—北京:金盾出版社,2015.8

ISBN 978-7-5186-0414-2

Ⅰ.①砂… Ⅱ.①陈… Ⅲ.①橘—果树园艺 Ⅳ.①S666.2

中国版本图书馆 CIP 数据核字(2015)第 161884 号

金盾出版社出版、总发行

北京太平路 5 号(地铁万寿路站往南)

邮政编码:100036 电话:68214039 83219215

传真:68276683 网址:www.jdcbs.cn

北京四环科技印刷厂印刷、装订

各地新华书店经销

开本:850×1168 1/32 印张:7.875 彩页:4 字数:188 千字

2015 年 8 月第 1 版第 1 次印刷

印数:1～4 000 册 定价:23.00 元

(凡购买金盾出版社的图书,如有缺页、倒页、脱页者,本社发行部负责调换)

目　　录

目 录

第一章　砂糖橘苗木繁育与良种选育技术

砂糖橘苗木是砂糖橘产业发展的物质基础，苗木质量直接影响砂糖橘产量和质量。因此，有计划有步骤地培育品种纯正、砧木适宜、生长健壮和丰产优质的良种壮苗，并进行良种选育，是实现砂糖橘优质高效栽培的先决条件。

一、砂糖橘苗木繁育

（一）苗圃地选择、规划与整地

砂糖橘苗木繁育的苗圃地选择与规划，应从实际出发，因地制宜综合考虑。

1. 苗圃地的选择　选择苗圃地主要应考虑所处位置和农业环境条件两方面因素。从经营效益出发，苗圃地应位于交通便利的果树供求中心地区，这样既可以降低运输费用，又利于育成的苗木适应当地环境条件。同时，苗圃地应远离病虫疫区和老柑橘园，一般应距有柑橘黄龙病的果园 3 000 米以上，以减少危险性病虫感染。生产中应按当地情况，选择背风向阳、地势较高、地形平坦开阔（坡度在 5°以下）、土层深厚（50～60 厘米及以上）、地下水位不超过 1 米、pH 值为 5.5～7.5 的平地、缓坡地或排灌方便的水田，最好选前作未种植过苗木的水田或水旱轮作田。保水及排水良好、灌溉方便、疏松肥沃的中性或微酸性的沙壤土、壤土，以及风害少、无病虫害的地块，有利于种子萌发及幼苗生长发育；地势高燥、土壤瘠薄的旱地、沙质地和低洼、过于黏重的土块，不宜作苗圃。切忌选择种过杨梅的园地和连作圃地,以新开地为最佳;寒流汇集的洼地、风害严重的山口、干燥瘠薄的山顶和阳光不足的山谷,均不宜作苗圃地。

2. 苗圃地的规划 苗圃规划要因地制宜,充分利用土地,合理安排道路、排灌系统和房屋建筑。根据育苗的多少,分为专业大型苗圃和非专业性苗圃。

(1)专业大型苗圃的规划

①生产管理用地 生产管理用地依据果园规划,本着经济利用土地、便于生产和管理的原则,合理配置房屋、温室、工棚、肥料池、休闲区等生活及工作场所。

②道路、排灌设施 道路规划结合区划进行,合理规划干道、支路、小路等道路系统,既要便于交通运输,适应机械操作要求,又要经济利用土地。排灌设施结合道路和地形统一规划修建,包括由引水渠、输水渠、灌溉渠、排水沟组成的排灌系统,两者要有机结合,保证涝时能排水、旱时能灌溉。

③生产用地 专业性苗圃生产用地由母本区、繁殖区、轮作区组成。母本区又称采穗圃,栽培优良品种,提供良种接穗。母本园的主要任务,是提供繁殖苗木所需要的接穗,这些繁殖材料以够用为原则,以免造成土地浪费。如果繁殖材料在当地来源方便,又能保证苗木的纯度和性状,无检疫性病虫害,也可不设母本区。繁殖区也称育苗圃,是苗圃规划的主要内容,应选用较好的地段。根据所培育苗木的种类可将繁殖区分为实生苗培育区和嫁接苗培育区。前者用于播种砧木种子,提供砧木苗;后者用于培育嫁接苗,前者与后者的面积比例为 1∶6。为了耕作方便,各育苗区最好结合地形采用长方形划分,一般长度不短于 100 米,宽度为长度的1/3～1/2。如果受立地条件限制,形状可以改变,面积可以缩小。同树种、同龄期的苗木应相对集中安排,以便于病虫防治和苗木管理。轮作区是为了克服连作弊端、减少病虫害而设的。同一种苗

木连作,常会降低苗木的质量和产量,故在分区时要适当安排轮作地。一般情况下,育过一次苗的圃地,不可连续再用于育同种果树苗,要隔2～3年之后方可再用,不同种果树苗间隔时间可短些。轮作可选用豆科、薯类等作物。苗圃地经1～2年轮作后,可再作砂糖橘苗圃。

(2)非专业性苗圃的规划 非专业性苗圃一般面积比较小,育苗种类和数量均比较少,可以不进行区划,以畦为单位,分别培育不同树种、品种的苗木(图1-1)。

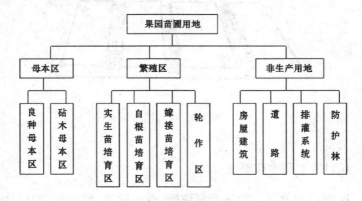

图1-1 果园苗圃地规划示意图

3. 整地 苗圃地应于播种前1个月耕翻(深犁25～30厘米)晒白,犁耙2～3次,耙平耙细,清除杂草。在最后1次耙地时,每667米^{2}撒施腐熟猪粪、牛粪或堆肥2 000千克、过磷酸钙20千克、石灰50千克。为防治地下害虫,每667米^{2}用2.5%辛硫磷粉剂2千克,拌细土30千克,拌匀后在播种时撒施并耙入土中。也可每667米^{2}用5%辛硫磷颗粒剂1～1.5千克,与细土30千克拌匀,在播种前均匀撒施于苗床。播种园苗床做成畦面宽80～100厘米、高20～25厘米的畦;嫁接园苗床做成宽60～80厘米、高20～30

厘米(低洼地、水田高 25～30 厘米)的畦,畦沟宽 25～30 厘米,畦面耙平耙细,便可以起浅沟播种。为了抑制小苗主根生长,促进侧根生长,提高移栽成活率,整地时最好先在底部铺塑料薄膜,然后在上面堆肥沃的园土(高 15～20 厘米),每 667 米^2 用肥沃园土 5 000 千克和腐熟牛粪、猪粪 500～1 000 千克,将粪与园土拌匀,做成苗床(图 1-2),便可以起浅沟播种。

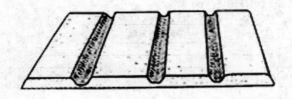

图 1-2　苗　床

(二)实生砧木苗繁殖

1. 砧 木 的 选 择　选择亲和性好、根系发达、耐瘠薄、抗逆性强的品种作砧木,用于砂糖橘的砧木主要有酸橘、红橘、枳和红柠檬等。

(1)酸橘　酸橘为海南本地野生种,是芸香科常绿小乔木,味极酸,主要用作砧木。广东软枝酸橘是优良的砧木,嫁接后与砂糖橘亲和性好,苗木速生快长,树势强壮,根群发达,细根多。在平地、丘陵山地种植结果良好,果实品质优良;在山地种植表现抗旱力较强。但早期结果应采取促花措施,以利早结果丰产。

(2)红橘　红橘原产我国,主产四川省和福建省,故又称为川橘、福橘。江西三湖红橘用得较多,近年也用四川江津等地产的川红橘。实践表明,红橘作砂糖橘的砧木亲和性好,树势中等,早结果丰产,果品优良,适于水田、平地、丘陵山地种植。坡度在 25°以下山地果园用川红橘砧尤为适宜。

(3)枳　枳为芸香科枳属小乔木,别名枳实、铁篱寨、臭橘、枸橘李、枸橘、臭杞、橘红。枳是砂糖橘的优良砧木,特别是小叶大花者更佳。选用枳砧所繁育的砂糖橘良种,具有早结果、丰产性强,果实色泽橘红鲜艳、品质好、发育整齐,夏梢抽发较少,根群发达,须根多,树冠矮化、紧凑的特点,缺点是前 2～3 年树冠扩大较慢。适合水田、平地、丘陵山地栽培。

(4)红柠檬　柠檬为芸香科柑橘属常绿小乔木,性喜温暖,耐阴,怕热。红柠檬嫁接砂糖橘亲和性好,栽植后生长快,早结果丰产性强,根系分布浅,吸肥力强,耐旱力稍差,果实大、皮厚、色泽好,初结果树果实品质稍差。适于水田、平地栽培。

2. 砧木苗的培育

(1)优良砧木种子采集　优良砧木种子的采集是培育实生砧木苗的重要环节,不仅影响播种后的发芽势和发芽率,还直接影响到苗木的正常生长。品种纯正的砧木种子应采自砧木母本园。优良母本树应为品种纯正、生长健壮、丰产稳产、无病虫害、无混杂的植株。

①采种时期　采种应在果实充分成熟、籽粒充分饱满时进行。种子种仁饱满发芽率高,生命力强,层积沙藏时不易霉烂。采种不宜过早,过早采收,种子成熟度差,种胚发育不全,储藏养分不足,种子不充实,生活力弱,发芽力低,生长势弱,苗木生长不良。

②采种方法　采种要选择晴天进行,有采摘法、摇落法、地面收集法 3 种方法。采摘法可借助于采种工具(图 1-3)。摇落法可用采种网(图 1-4)或地面铺设帆布、塑料薄膜来收集。地面收集法主要适用于果实脱落后不易被风吹散的果树,如板栗、核桃、银杏、杧果等。

图 1-3 采种工具

图 1-4 采 种 网

③取种方法 把成熟的砧木果实采摘下来,堆放在棚下或背阴处,或将果实放入容器内,通过堆沤使果肉软化,然后用水淘洗取种(图 1-5)。堆沤期间要注意经常翻动,使堆温保持在25℃～

30℃，堆温超过30℃时，易使种子失去生活力。堆沤5～7天，果肉软化时装入箩筐，用木棒搅动、揉碎，加水冲洗。捞去果皮、果肉后，加入少量草木灰或纯碱轻轻揉擦，除去种皮上的残肉和胶质。用水彻底洗干净后加入0.1%高锰酸钾溶液或40%甲醛200倍液浸洗15分钟，取出后立即用清水冲洗干净，放置通风处阴干即可播种。如暂不播种，则可将种子放在竹席上摊开，置阴凉通风处阴干，枳种以含水量25%为宜，经2～3天种皮发白即可贮藏。

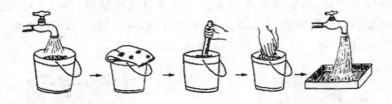

图1-5　取种程序

（2）砧木种子贮藏　砧木种子一般采用沙藏法贮藏。沙藏层积时，可用种子量3～4倍的干净河沙与种子混合贮藏，河沙含水量以5%～10%为宜，即手轻捏成团，松手即散为宜；若用手捏成团、松手碎裂成几块的湿沙，表明水分太多，容易烂种。

种子数量较少时，可在室内层积。用木箱、桶等作层积容器，先在底部放入一层厚5～10厘米的湿沙，将准备好的种子与湿沙按比例均匀混合后放在容器内，在表面再覆盖一层厚5～10厘米的湿沙。将层积容器放在2℃～7℃的室内，并经常保持沙的湿润状态（图1-6）。有条件的可将种子装入塑料袋，置于冰箱冷藏室中，温度控制在3℃～5℃，空气相对湿度控制在70%左右。

种子数量较多时，在冬季较寒冷的地区，可在室外挖沟层积。选干燥、背阴、地势较高的地方挖沟，沟深、宽均为50～60厘米，长度依种子的数量而定。沟挖好后，先在沟底铺一层厚5～10厘米

砂糖橘栽培10项关键技术

的湿沙,把种子与湿沙按比例混合均匀放入沟内(或将湿沙与种子相间层积,层积厚度不超过50厘米),最上面覆一层厚5～10厘米的湿沙(稍高出地面),然后覆土呈土丘状以利排水,同时加盖薄膜或草苫以利于保湿。种子数量较多,在冬季不太寒冷的地区,可在室外地面层积。先在地面铺一层厚5～10厘米的湿沙,将种子与湿沙充分混合后堆放其上,堆的厚度不超过50厘米,在堆上再覆一层厚5～10厘米的湿沙,最后在沙上覆盖塑料薄膜或草苫以利保湿和遮雨,周边用砖或干麻袋压紧薄膜以防鼠害(图1-7)。贮藏期间要经常检查,避免细沙过干或过湿,通常每7～10天检查1次,以调整河沙含水量,使之保持在5％～10％。

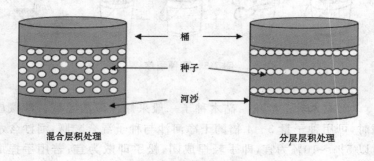

图1-6　种子层积处理

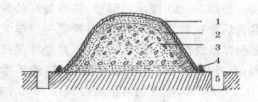

图1-7　砧木种子的贮藏
1.塑料薄膜　2.河沙　3.种子与河沙　4.砖块　5.排水沟

· 8 ·

（3）催芽　细沙催芽可使种子萌发率提高至 95% 左右，而不经催芽直接播种的萌发率仅为 60%～75%。催芽期间要控制细沙含水量，水分过多易引起种子发霉、烂芽。如不能马上播种，可将种子堆放在阴凉处，细沙含水量控制在 1%～2%，可保存 15～20 天。催芽后的种子要及时播种，否则胚芽容易折断，出芽率会降低。催芽方法：选一平整地块，在上面堆 3～5 厘米厚的湿沙，把洗净的种子平放在沙面上，注意不要让种子重叠，然后在种子上面盖约 5 厘米厚的稻草或 1～2 厘米厚的细沙，注意淋水，保持沙地湿润。经 3～4 天，当种子的胚根长至 0.5 厘米左右时，即可拣出播种。催芽期间每隔 1～2 天翻动种子 1 次，检查种子萌芽情况，把宜播种的发芽种子及时拣出播种。此外，还可用 1 份种子加 2～3 份细沙混合，喷水堆积催芽。堆积厚度以 20～40 厘米为宜，细沙的含水量保持在 5%～8%，温度控制在 25℃ 左右，2～3 天后种子即可萌发。温度在 30℃ 以上时，种子萌发能力会大大下降；超过 33℃ 时，种子几乎丧失萌发能力。

（4）砧木种子消毒　为消灭种子可能携带的各种病原菌，播种前应采用药剂处理，以杀灭附着在种子表面的病原菌。方法是先将种子用清水浸泡 3～4 小时，再放到药液中进行处理，然后用温水冲洗干净。用 0.1% 高锰酸钾溶液浸泡 20～30 分钟，可以防治病毒病；用硫酸铜 100 倍溶液浸泡 5 分钟，可以防治炭疽病和细菌性病；用 50% 多菌灵可湿性粉剂 500 倍溶液浸泡 1 小时，可以防治枯萎病。

（5）播　种

①整地做畦　育苗地在播种前撒施基肥，深翻，耙平，整细，起畦。一般每 667 米² 施优质有机肥 2 000～3 000 千克、过磷酸钙 25～30 千克、草木灰 50 千克，深翻 30～50 厘米。深翻施肥后灌透水，水渗下后，根据需要筑垄或做畦，一般垄宽 60～70 厘米；畦高 15 厘米，畦宽 1～1.5 米，畦间沟宽 25～30 厘米，畦面

把细整理成四周略高、中间平整的状态，稍加镇压待播。为预防苗期立枯病、根腐病及蛴螬等危害，可结合整地施敌磺钠等药剂。

②播种时期　砧木种子播种分春播和秋播。通常地温 15℃左右时即可发芽，在 20℃～25℃条件下种子发芽需 15～30 天；在25℃～30℃条件下只需几天即可发芽。保护地温度控制在 25℃左右，即可播种。采用枳嫩种播种时，采集谢花后 110～120 天的嫩种播于保护地。春播在 3 月上旬至 4 月上旬进行，春播的优点是播种后种子萌发时间短。因此，土壤湿度容易掌握，萌发比较整齐。播种过早，地温低，发芽缓慢，易遭受晚霜危害；播种过迟，则易遭受干旱，还会缩短苗木生长期。目前，生产中育苗大多采用地膜覆盖，以提高地温，早播后发芽迅速、整齐，且不易遭受晚霜危害。秋播在 10 月上旬至 11 月上旬进行，秋播的优点是可省去种子贮藏工序，适宜播种的时期较长，出苗比较整齐，能延长苗木生长期。秋播的关键技术是要保持播种层土壤的湿度，因此播种深度一般较春播深，或在播种后用草或沙覆盖，以保持播种层的湿度。

③播种方法与播种量　播种时最好采用单粒条播（图 1-8）。一是稀播。此法不用分床移栽，砧木苗生长快，可较快达到嫁接要求。播种密度为株距 12～15 厘米、行距 15～18 厘米，每 667 米²

图 1-8　条　播

播种量为 40~50 千克、砧木苗 2 万多株。二是密播。播种密度为株行距 8 厘米×10 厘米,每 667 米² 播种量为 60~80 千克。翌年春季进行分床移植,移栽株行距为 10 厘米×20 厘米,每 667 米² 砧木苗达 3 万多株。已催芽的种子播种时用手将种子压入土中,种芽向上;未催芽的种子可用粗圆木棍滚压,使种子和土壤紧密接触,然后用火土灰或沙覆盖,厚度以看不见种子为度。最后盖上一层稻草、杂草或搭盖遮阳网,并浇透水。也可采用撒播法,即将种子均匀撒在畦面,每 667 米² 播种量为 50~60 千克。在撒播前先将播种量和畦数的比例估算好,做到每畦播种量相等,以防播种过密或过稀。撒播法省工,土地利用率高,出苗数多,苗木生长均匀,但是施肥管理不方便,苗木疏密不均匀,需要进行间苗或移栽。

(6)砧木苗管理

①揭去覆盖物 种子萌芽出土后,及时除去覆盖物。生产中通常在种子拱土时开始揭覆盖物;当幼苗出土达五六成时,可撤去一半覆盖物;当幼苗出土达八成时,可揭去全部覆盖物,以保证幼苗正常生长。

②淋水 注意观察苗木土壤湿度的变化,如发现表土过干,影响种子发芽出土时,要适时喷水,使表土经常保持湿润状态,为幼苗出土创造良好条件。忌大水漫灌,以免使表土板结,影响幼苗正常出土。

③间苗移栽 幼苗有 2~3 片真叶时,若密度过大应进行间苗移栽。间掉病苗、弱苗和畸形苗,对生长正常而又过密的幼苗进行移栽。移栽前 2~3 天要灌透水,以便挖苗,挖苗时尽量多带土,少伤侧根,主根较长的应剪去 1/3,以促进侧根生长。生产中最好就近间苗移栽,随挖随栽,栽后及时浇水(图 1-9)。播种时采用密播的,可待春梢老熟后进行分床移植,通过分床把幼苗按长势和大小进行分级移栽,以便于管理。移栽后的株行距为 12~15 厘米×15

厘米,每 667 米² 移栽 11 000~12 000 株。小苗移栽时,栽植深度应保持在播种园的深度(小苗上有明显的泥土分界线),切忌太深。移栽后,苗床要保持湿润,1 个月后苗木恢复生长,便可以开始施稀薄人粪尿,每月施肥 2 次,其中 1 次每 667 米² 可施三元复合肥 20 千克。

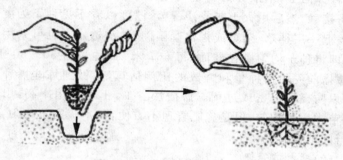

图 1-9 带土移苗补苗

④除草与施肥 幼苗出齐后,注意及时除草、松土、施肥和病虫害防治,保持土壤疏松和无杂草,有利于幼苗的健壮生长。以后要保持畦面湿润,并注意覆盖暴露的种核,同时做好松土和培土。幼苗 3~4 片真叶时,开始浇施 1∶10 的稀薄腐熟人粪尿,每月 2 次。另外,还可以在幼苗生长期,每月每 667 米² 施尿素 15 千克、三元复合肥 10~15 千克,11 月下旬停止施肥,以免抽冬梢,直到翌年春后再施肥。注意及时防治危害新梢嫩叶和根部的害虫。

⑤除去萌蘖 及时除去砧木基部 5~10 厘米长的萌蘖(图 1-10),保留 1 条壮而直的苗木主干,确保嫁接部位光滑,以便于嫁接操作。

图 1-10　除　萌

(三)嫁接苗繁殖

1. 嫁接的含义及成活原理

(1)嫁接的含义　将砂糖橘的 1 段枝或 1 个芽,移接到另一植株(枳)的枝干上,使接口愈合,长成 1 棵新的植株,这种技术称为"嫁接"。接在上部的不具有根系的部分(枝和芽)称为"接穗",位于下面承受接穗的、具有根系的部分称为"砧木"(图 1-11)。用这种方法育成的苗木,叫作"嫁接苗"。

(2)嫁接成活的原理　嫁接时,砧木和接穗削面的表面,由于愈伤激素的作用,使伤口周围的细胞生长和分裂,同时形成层细胞活动加强形成愈伤组织,并不断增长,填满两者之间的空隙。两者的愈伤组织相互接合,薄壁细胞相互联接。愈伤组织细胞进一步分化,将砧木和接穗的形成层联接起来,并分化成联络形成层。联络形成层向内分化形成新的木质部,向外分化形成新的韧皮部,将两者木质部的导管与韧皮部的筛管沟通起来。这样,输导组织才真正连接畅通,砧木吸收的水分和养分即可通过新的输导系统向接穗运送,接穗芽才能逐渐生长。愈伤组织外部的细胞分化成新的栓皮细胞,与两者栓皮细胞相连,这时两者才真正愈合成为 1 棵新植株。

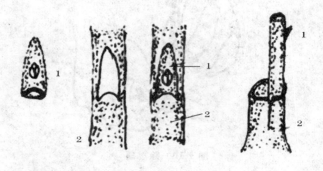

图 1-11 嫁 接
1. 接穗(芽或枝) 2. 砧木

2. 影响嫁接成活的因素

(1)亲和力的大小　亲和力是指接穗和砧木经嫁接能愈合,并能正常生长发育的能力,它反映在遗传特性、组织形态结构、生理生化代谢上彼此相同或相近。砧、穗的亲和性是决定嫁接成活的关键,亲和性越强,嫁接越容易成活;亲和性小,则不易成活。砧、穗的亲和性常与树种的亲缘关系有关,一般亲缘越近,亲和性越强。因此,同品种或同种间进行嫁接,砧、穗亲和性最好;同属异种间嫁接,砧、穗亲和性较好;同科异属间嫁接,砧、穗亲和性较差。但也有例外,如砂糖橘采用枳作砧木进行嫁接,二者属于同科异属,却亲和性良好;同科间嫁接,砧、穗却很少有亲和力。生产上通常用砧、穗生长是否一致、嫁接部位愈合是否良好、植株生长是否正常来判断嫁接亲和力的强弱,但有时未选好砧木种类,常出现嫁接接合部分生长不协调的现象,如接合处肿大或接穗与砧木上下粗细不一致的情况(图 1-12)。如果出现这种现象,可采用中间砧进行二重接加以克服(图 1-13)。

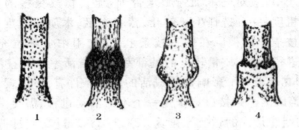

图 1-12　嫁接接合部的异常现象
1. 正常　2. 肿瘤　3. 小脚　4. 大脚

图 1-13　利用中间砧二重接
1. 接穗　2. 中间砧　3. 砧木

　　(2)砧、穗养分储藏程度及生活力强弱　接穗和砧木养分储藏多,木质化程度高,嫁接易成活。因此,嫁接时要求砧木生长健壮、茎粗在 0.8 厘米以上,且无严重的病虫害,同时应在优良母株上选取生长健壮、充分老熟、芽体新鲜饱满的 1 年生枝作接穗。生产中,应对砧木加强肥水管理,让其积累更多的养分,达到一定粗度;并且选择生长健壮、营养充足、木质化程度高、芽体饱满的枝条作接穗。在同一枝条上,应选用中上部位充实的芽或枝段进行嫁接,质量较差的基部芽嫁接成活率低不宜使用。

(3)环境条件 影响嫁接成活的环境条件有温度、湿度、光照和空气等因素。嫁接口愈合是一个生命活动过程,需要一定的温度,愈伤组织形成的适宜温度为 18℃～25℃,过高或过低都不利于愈合,故以春季 3～5 月份或秋季 9～10 月份嫁接为好。在愈伤组织表面保持一层水膜,对愈伤组织的形成有促进作用。因此,塑料薄膜包扎要紧,以保持一定的湿度,包扎不紧或过早除去包扎物,均会影响成活。强光能抑制愈伤组织的产生,嫁接部位避光,可提高生长素浓度,有利于伤口愈合。对大树高接换种时,可用黑塑料薄膜包扎伤口。嫁接最好选择温暖无风的阴天或晴天进行,雨天及浓雾或强风天均不宜嫁接。冬春季应选择暖和的晴天嫁接,避免在低温和北风天嫁接;夏秋季气温高,应避免在中午阳光强烈时嫁接。

(4)嫁接技术 嫁接刀的锋利程度、嫁接技术的熟练程度都直接影响嫁接成活率。

①砧木与接穗形成层(俗称"水线")是否对准和密贴 形成层是枝干的韧皮部与木质部之间,由薄壁细胞组成的一层组织,具有较强的分生能力。嫁接时由于穗、砧双方切口的形成层对正密贴,形成层不断分裂出来的新细胞将接合部的间隙填满,相互交错联结成愈伤组织,从而使砧、穗双方愈合成新植株。要做到接穗和砧木对准和密贴,其操作技术:一是嫁接部位要直,接穗和砧木切面一定要平滑,不能凸凹或起毛,同时切削深度要适当。如果是切接,切削深度以恰到形成层为佳,既不要太深,更不要太浅(即未切到形成层)。因此,嫁接时要求刀要锋利(以刀刃一面平的专用嫁

接刀为好),动作要快。二是放芽和缚薄膜时要小心,确保形成层对齐和不移位。三是砧、穗切面要保持清洁,不要有泥沙等杂质污染和阻隔,以免影响嫁接面的密贴。

②接口是否扎紧密封　整个嫁接口和接穗要用嫁接专用薄膜密封保护,包扎要紧,不能留有空隙,薄膜宜选用薄且韧的专用嫁接薄膜,以利缚扎紧密。操作时在放好接芽后,先用薄膜带在砧木切面中部位置缚牢接芽,使之不移位,然后展开薄膜自下而上均匀做覆瓦状缚扎嫁接接芽,至芽顶后(不能留空隙)将薄膜带呈细条状自上而下返回原位扎紧,以保持嫁接口湿润,防止削面风干或氧化变色,以提高嫁接成活。

在嫁接操作中,应严格规范操作技术,嫁接操作真正达到直、平、快、齐、洁、紧的要求,以确保嫁接成活。

3. 嫁接苗培育

(1)接穗的选择、采集、贮藏和运输

①接穗的选择　从砂糖橘母本园或采穗圃中采集,选择树冠外围中上部生长充实、芽体饱满的当年生或1年生发育枝作接穗。注意不能选择细弱枝和徒长枝作接穗。

②接穗的采集和贮藏　春季嫁接用的接穗,可结合冬季修剪时采集,但采集时间最迟不能晚于母株萌芽前2周。采后截去两端保留中段(图1-14),剪去叶片,保留0.5～1厘米长的叶柄(图1-15),每100枝捆成1捆,标明品种名称,用湿沙贮藏,以防失水丧失生活力。沙藏时,选择含水量5%～10%的干净无杂质河沙,以手握成团而无水滴出、松手后又能松散为好。将小捆接穗放入沙中,小捆间用湿沙隔开,表面覆盖薄膜保湿。每7～10天检查1次,注意调整河沙湿度。也可用石蜡液(80℃)快速蘸封接穗,然后用塑料布包扎好,存放于冰箱中备用。

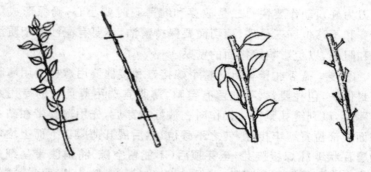

图 1-14　去两端留中段　　　　　图 1-15　剪去叶片

　　生长季节嫁接所用接穗,可随采随接,接穗宜就近采集,一般清晨或上午采集的接穗成活率高。采集的接穗应立即剪去叶片(仅留叶柄)及生长不充实的梢端,以减少水分蒸发。将接穗下端插入水或湿沙中贮放于阴凉处,喷水保湿,使枝条尽可能地保持新鲜健壮。需要防治病毒性病害的接穗,可用 1 000 单位盐酸四环素溶液或青霉素溶液浸泡 2 小时。经消毒处理的接穗,要用清水冲洗干净,最好于 2 天内嫁接完。需要防治溃疡病的接穗,则用硫酸链霉素 750 单位加 1％酒精浸泡半小时进行杀菌。有介壳虫、红蜘蛛等害虫的接穗,则可用 0.5％洗衣粉液洗擦芽条,并用清水冲洗干净。如接穗暂时不用,必须用湿布或苔藓保湿,量多时可用沙藏或冷库贮藏。

　　生长季采集的接穗,如暂时不用,可将接穗基部码齐,每 50～100 条捆成 1 捆,挂上标签,注明品种、数量、采集地点及采集时间,采用以下几种方法进行贮藏:一是水藏。将其竖正在盛有清水(水深 5 厘米左右)的盆或桶中,放置于阴凉处,避免阳光照射,每天换水 1 次,向接穗喷水 1～2 次,接穗可保存 7 天左右。二是沙藏。在阴凉的室内地面上铺一层厚约 25 厘米的湿沙,将接穗基部埋在沙中 10～15 厘米深,上面盖湿草苫或湿麻袋,并常喷水保持湿润,防止接穗干枯失水。三是窖藏。将接穗用湿沙埋在凉爽潮湿的窖里,可存放 15 天左右。四是井藏。将接穗装袋,用绳倒吊在深井的水面以上,但不要入水,可存放 20 天左右。五是冷藏。将接穗捆成小捆,竖立在盛有清水的盆或桶中,或基部插于湿润沙中,置于冷库中存放,可贮存 30 天左右。若贮藏时间长,可用沙藏或冷藏方法保存。

③接穗的运输　需调运的接穗必须用湿布或湿麻袋包裹,分清品种,定数成捆,捆内外均挂上同样的品种标签(图 1-16),放置背阴处及时调运。也可用竹筐、有孔纸箱装载。容器底部可垫以湿毛巾等保湿材料,表面覆盖薄膜,并注意防干燥、防损伤,夏季注意防热,冬季注意防冻。调运接穗途中要注意喷水保湿和通风换气,生产中采用冷藏运输效果更好。

对调进的接穗,要核对品种数目,解包后要迅速吸水复壮,并标明品种,贮存备用。

图 1-16　接穗包装

(2)嫁接时期　春季在 3~4 月份嫁接,秋季在 9~11 月份嫁接。

①生长期嫁接　芽接通常在生长期进行,多在夏秋季实施。此期,当年播种的枳壳苗已达芽接的粗度;作为接穗的植株,当年生新梢上的芽也已发育,嫁接成活率高。

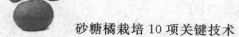

②休眠期嫁接　枝接通常在休眠期进行,以春季砧木树液开始流动、接穗尚未萌发时为好。

(3)嫁接方法　砂糖橘嫁接方法主要有小芽腹接法和单芽切接法。

①小芽腹接法　也称芽片腹接法。选用粗壮的、已木质化的枝条作接穗,操作时手倒持接穗,用刀从芽的下方1~1.5厘米处,向芽的上端稍带木质部削下芽片,并斜切去芽下尾尖,芽片长2~3厘米。随后在砧木距地面10厘米左右处,选光滑面用刀向下削3~3.5厘米的切口,切口不宜太深,稍带木质即可。横切去切口外皮长度的1/2~2/3。将芽片向下插入切口内,仅将芽露出,然后用塑料薄膜绑缚(图1-17)。

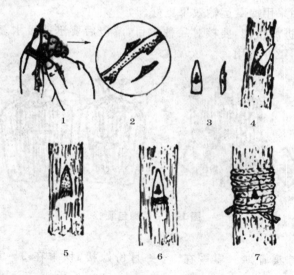

图 1-17　小芽腹接法

1. 削取芽片　2. 取下芽片　3. 接芽　4. 切去砧木外皮的1/2~2/3

5. 砧木接口　6. 插入芽片　7. 绑缚

②单芽切接法　选择生长健壮、充实、芽体饱满的枝条作接穗。操作时手倒持接穗，先将下端稍带木质部处削成具有1～2个芽的平直光滑、长2～3厘米的平斜削面。将与顶芽相反方向的下端，即在另一面削成45°角的短削面，然后剪断。随后在砧木距地面5～10厘米处剪砧，选其平滑一侧，在离剪口2～3毫米处，用刀由外向内斜向上削一刀，削去剪口平面的1/4～1/3。然后，于削面稍带木质部处垂直向下切一长2～3厘米的切口，将削好的接穗长削面靠砧木多的一边插下。若砧木和接穗二者大小一致可插在中间，插入时注意使砧、穗的形成层至少有一侧要对齐，接穗的上端削面要露出1～2毫米，最后用长25～30厘米、宽1.5～2厘米的塑料薄膜条绑缚即可(图1-18)。

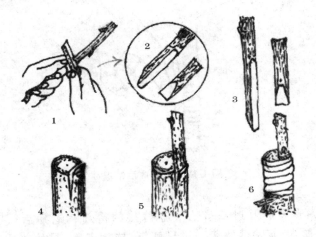

图 1-18　切 接 法

1. 削取接穗　2. 接穗削面　3. 接穗　4. 砧木切口

5. 插入接穗　6. 绑缚

（4）嫁接苗管理

①检查成活与补接　秋季嫁接的在翌年春季检查成活情况，春季嫁接的在接后 15～20 天检查成活情况。即将萌动的接芽呈绿色，且新鲜有光泽，叶柄一触即落，即为成活（图 1-19）。接芽失绿、变黄变黑、呈黄褐色，叶柄在芽上皱缩，即为嫁接失败。这是因为嫁接成活后具有生命力的芽片叶柄基部产生离层，故叶柄一触即落；未成活的则芽片干枯，不能产生离层，故叶柄不易碰掉。嫁接失败应将薄膜解除，及时进行补接。另外，采用普通农用薄膜包扎接芽的，接穗萌芽时应及时挑破芽眼处薄膜，操作时注意不可伤到芽眼。

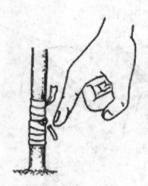

图 1-19　检查成活情况

②解除薄膜及时松绑　春季嫁接的待新梢老熟后（新梢长 25～30 厘米）解除薄膜带。过早解绑，枝梢老熟，易枯萎或折断；过迟解绑会妨碍砧、穗增粗生长。生产中解除薄膜带最迟在秋梢萌发前进行，否则薄膜带嵌入砧、穗皮层内，可致使幼苗黄化或夭折。一般当第一次新梢老熟后，用利刀纵划一刀，薄膜带即全部松断。晚秋嫁接当年不能解绑的，在翌年春季萌芽前，先从嫁接口上方剪去砧木，然后划破薄膜带，以促进接芽萌发。

③除芽和除萌蘖 如接芽抽出 2 个芽以上，应除去弱芽、歪芽，留下健壮直立芽。砧木上不定芽(又称脚芽)抽发的萌蘖，应随时用小刀从基部削掉，以免萌蘖枝消耗养分，影响接芽的正常生长。春季每隔 7～10 天削除 1 次。

④及时剪砧 腹接法嫁接的苗木，必须及时剪砧，否则会影响接穗的生长。剪砧分一次剪砧和二次剪砧。一次剪砧的，可在接芽以上 0.5 厘米处将砧木剪掉，剪口向接芽背面稍微倾斜，剪口要平滑，以利于剪口愈合和接芽萌发生长。二次剪砧的，第一次剪砧的时间是在接穗芽萌发后，在离接口上方 10～16 厘米处剪断砧木，保留的活桩可作新梢扶直之用；待接芽抽生长至 16 厘米左右时进行第二次剪砧，可在接口处以 30°角斜剪去全部砧桩，要求剪口光滑，不伤及接芽新梢，不压裂砧木剪口。也有的地区腹接的采用折砧法，即在嫁接 3～7 天、接芽成活后，在离接口上方 3～7 厘米处剪断 2/3～4/5 砧木，只留带一些木质部的皮层连接，然后把砧木往一边折倒，以促进接芽萌发生长，待新梢老熟后进行第二次剪砧，即剪去此活桩(图 1-20)。如果接芽萌发后一次性全部剪除砧木，往往会因为过早剪砧，不小心碰断幼嫩的新梢或使接口开裂而导致接穗死亡。

⑤定干整形 在苗圃地定干整形，可培养矮干多分枝的优良树形。其操作方法：一是摘心或短截。春梢老熟后留 10～15 厘米长进行摘心，促发夏梢。夏梢抽出后，只留顶端健壮的 1 条，其余摘除。夏梢老熟后，在其 20 厘米左右处剪断，促发分枝。如有花序也应及时摘除，以减少养分消耗，促发新芽。二是剪顶、整形。当摘心后的夏梢长至 10～25 厘米时，可在立秋前 7 天左右剪顶，立秋后 7 天左右放秋梢。剪顶高度以离地面 50 厘米左右为宜，剪顶后有少量零星萌发的芽，要抹除 1～2 次，大量的芽萌发至 1 厘米长时统一放梢。剪顶后在剪口附近 1～4 节，每节留 1 个大小一致的幼芽，其余的摘除。注意选留的芽要分布均匀，以促使幼苗长

成多分枝的植株。

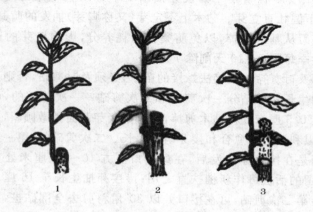

图 1-20 剪砧
1. 一次剪砧 2. 二次剪砧(保留活桩约 20 厘米长) 3. 剪去活桩

⑥加强管理 苗圃地要经常中耕除草和疏松土壤,要适当控制肥水,做到合理灌水施肥,促使苗木生长。为使嫁接苗生长健壮,可在 5 月下旬至 6 月上旬,每 667 米² 追施硫酸铵 7.5～10 千克,追肥后浇水,并及时中耕除草。追肥以勤施薄施为原则,以腐熟人粪尿为主,辅以化肥,特别是 2～8 月份,应每 15 天施 1 次肥,可用稀薄粪水或加入 0.5%～1% 尿素溶液淋施,以满足苗木生长的需要。苗期主要病虫害有炭疽病、溃疡病、潜叶蛾、凤蝶、红蜘蛛等,要及时防治,以保证苗木正常生长。

(5)苗木出圃

①出圃前的准备 苗木出圃前应做好劳力组织与分工和起苗工具、消毒药品、包装材料、假植场所、调运苗木的日期安排等准备工作。

②出圃时间 苗木达到地上部枝条健壮、成熟度好、芽饱满、根系健全、须根多和无病虫等条件方可出圃,起苗一般在苗木的休

眠期进行。春季起苗宜早,要在苗木开始萌动之前进行,秋季起苗应在苗木地上部停止生长后进行,春天起苗可减少假植程序,生产中一般以春季出圃为好。

③苗木的掘取　挖苗时,应从苗旁约20厘米处深刨,苗木主、侧根长度至少保持20厘米,操作时注意不要伤及苗木皮层和芽眼。对于过长的主根和侧根,因不便挖起可以切断,但要尽量少伤根系。苗木挖出以后,将根蘸满黄泥浆,外加塑料薄膜或稻草包裹,以便保湿(图1-21)。

④注意事项　挖出的苗木,应挂牌标明品种、来源、苗龄及砧木类型等。土壤过于干旱时,可在挖苗前1～2天灌1次水,待土壤稍干后再挖苗。挖苗时,要注意整畦或整区挖,以便空出土地另行安排。对不合格的小苗,可集中进行栽植,继续培育。若发现有检疫性病虫害的苗木,要彻底烧毁,以防传播。

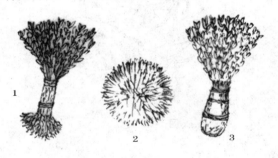

图1-21　苗木包装
1. 苗木捆扎　2. 稻草束　3. 包扎好的苗木

⑤苗木分级与修剪　苗木挖出后,要尽快进行分级,以减少风吹日晒的时间。苗木分级的原则是必须保持品种纯正,砧木类型一致,地上部分枝条充实、芽体饱满,植株具有一定的高度和粗度,根系发达,须根多,断根少,无严重病虫害及机械损伤,嫁接口愈合良好。

苗木分级标准可参照当地的具体要求,其基本要求是:干茎生长发育正常,组织充实,有一定高度和粗度;整形带内要有足够数量、充实饱满的芽,接合部要愈合良好;有发达的根系,包括根的条数、长度及粗度,均需达到一定标准;无检疫对象和严重的病虫害,无严重的机械损伤。将分级后的各级苗木,分别按 20 株、50 株或 100 株绑成捆,以便统计和出售、运输。

在苗木分级时可结合进行苗木的修剪,剪去有病虫的、过长或畸形的主侧根。主根一般留约 20 厘米长后短截。受伤的粗根应修剪平滑,以利于根系愈合和生长(图 1-22)。地上部的枯枝、病虫枝、残桩、不充实的秋梢和砧木上的萌蘖等,应全部剪除。

图 1-22 修 根

⑥苗木检验 一是苗木径度。用卡尺测量嫁接口上方 2 厘米处主干直径的最大值。二是分枝数量。以嫁接口上方 25 厘米以上的主干上抽生的一级枝,且长度在 15 厘米以上的分枝数。三是苗木高度。自地面量至苗木顶端。四是嫁接口高度。自地面量至嫁接口中央。五是干高。自地面量至第一个有效分枝处。六是砧、穗接合部曲折度。用量角器测定接穗主干中轴线与砧木垂直延长线之间的夹角。

⑦苗木检验规则　包装苗木的检验,采用随机抽样法,即田间苗木采用对角交叉抽样法、十字交叉抽样法和多点交叉抽样法等,抽取有代表性的植株进行检验。检验批数量为:1 万株以下(含 1 万株),抽样 60 株;1 万株以上,按 1 万株抽样 60 株计算,超出部分再按 2‰抽样,抽样数计算公式:

万株以上抽样数＝60＋[(检验批苗木数量－10 000)×2‰]

一批苗木的抽样总数中,合格单株所占比例为该批次合格率,合格率≥95％则判定该批苗木合格。

⑧苗木检疫与消毒　苗木出圃要进行检疫,外运苗木要通过检疫机关检疫,签发检疫证。育苗单位必须遵守有关检疫规定,对带有检疫对象的苗木要严格苗木检疫制度,严禁出圃外运。对检疫性病虫害,要严格把关,一旦发现即应就地烧毁。苗木外运或贮藏前均应进行消毒处理,以免病虫害的扩散与传播。对带有一般性病虫害的苗木,可用 4～5 波美度的石硫合剂溶液浸泡苗木10～20 分钟,然后再用清水冲洗根部 1 次。

⑨假植　出圃后的苗木如不能及时定植或外运,应进行假植(图 1-23)。苗木假植应选择地势平坦、背风阴凉、排水良好的地块,挖宽 1 米、深 60 厘米东西走向的定植沟。假植苗木向北倾斜,摆一层苗木填一层混沙土(切忌整捆排放),培土后浇透水,水渗下后再次培土。假植苗木怕水渍、怕风干,应及时检查。

⑩苗木包装与运输　苗木包装材料有草包、蒲包、聚乙烯袋、涂沥青不透水的麻袋和纸袋、集运箱等。包装时先将湿润物(如苔藓、湿稻草、湿麦秸等)放在包装材料上,然后将苗木根对根放在上面,并在根间加些湿润物,或将苗木根部蘸满泥浆,放苗至适宜的重量时,将苗木卷成捆,用绳子捆住(图 1-24)。包装后在外面附上标签,在标签上注明树种、苗龄、苗木数量、等级、苗圃名称等。短距离运输,苗木可散装在筐篓中,在筐底放一层湿润物,筐装满后在苗木上面再盖一层湿润物,以防苗根失水。长距离运输的裸

根苗苗根要先蘸泥浆,再用湿苫布将苗木盖上。运输过程中,要经常检查苗包内的湿度和温度,如包内温度过高,要将包打开适当通风,并换湿润物降温;若发现湿度不够,要适当加水。另外,运苗时应选用速度快的运输工具,以便缩短运输时间。苗木调运途中应严防日晒和雨淋,苗木运达目的地后立即检查,并尽快定植。有条件的可用特制的冷藏车运输。

图 1-23　假　植

图 1-24　苗木包装

1. 将苗木根对根整齐放在包装材料上

2. 将苗木卷成捆并用绳子捆扎

(四)脱毒苗繁育

砂糖橘病毒类病害是生产中的潜在危险,其种类多、分布广、难于防治,尤其是黄龙病危害,直接影响砂糖橘产量和品质,甚至造成大批砂糖橘园的毁灭。此外,衰退病、裂皮病、碎叶病等也已成为影响砂糖橘产业发展的重要病害。为此,推广无病毒苗木是砂糖橘产业发展的一项基础性工作。

1. 脱毒容器苗的特点　脱毒容器苗跟普通苗比较具有以下几大优点:一是无病毒,不带检疫性病虫害。二是具有健康发达的根系,须根多,生长速度快。三是高位嫁接,高位定干,树体高大乔化,耐寒耐贫瘠,抗病虫害。四是可常年栽植,不受季节影响,没有缓苗期。五是高产优质,寿命长,丰产期长。

2. 基础设施

(1)苗圃地选择　苗圃地应选择地势平坦、交通便利、水源充足、通风和光照良好、远离病源、无环境污染的地块,要求苗圃周围5 000米内无芸香科植物,网室育苗1 000米内无芸香科植物,并用围墙或绿篱与外界隔离。

(2)育苗设施

①脱毒实验室　用于提供脱毒苗,面积为400~500米^2,门口设置缓冲间。

②玻璃温室　温室的光照、温度、湿度和土壤条件等可人工调控,最好具备二氧化碳补偿设施。进出温室的门口设置缓冲间,温室面积一般在1 000米^{2}以上,用于砧本繁殖的温室年产苗木应为100万株左右。

③网室　由50目网纱构建而成,面积在1 000米^{2}以上,用于无病毒原始材料、无病毒母本园、采穗圃的保存和繁殖。进出网室的门口设置缓冲间,进入网室工作前先用肥皂洗手,操作时避免手与植株伤口接触。网室内的工具要专用,修枝剪在用于每棵植株

前,要用 1%漂白粉(次氯酸钠)溶液消毒。网室类型:一是网室无病毒引种圃。由国家柑橘苗木脱毒中心(重庆中国柑橘所及华中农业大学柑橘研究所)提供无病毒品种原始材料,每个品种引进 3 株,种植在网室中。每个品种材料的无病毒后代在网室保存 2～4 年,网室保存的植株,除有特殊要求的外,均采用枳作砧木。网室保存的植株,每 2 年要检查 1 次黄龙病感染情况,每 5 年鉴定 1 次裂皮病和碎叶病的感染情况。发现受感染植株,应立即淘汰。二是品种展示圃。从网室无病毒引种圃中采穗,每个品种按 1:5 的比例繁殖 5 株,种植在大田品种展示圃中,认真观察其园艺性状。植株连续 3 年显示其品种固有的园艺学性状后,开始用作母本树。三是网室无病毒母本园。每个品种材料的无病毒母本树,在无病毒母本园内种植 2～6 株,每年 10～11 月份,调查砂糖橘黄龙病发生情况。每隔 3 年应用指示植物或血清学技术(酶联免疫吸附检测法 ELISA),检测砂糖橘裂皮病和碎叶病感染情况。每年采果前,观察枝叶生长和果实形态,确定品种是否纯正。经过病害调查、检测和品种纯正性观察,淘汰不符合本规程要求的植株。四是网室无病毒采穗圃。从网室无病毒母本园中采穗,用于扩大繁殖,建立网室采穗圃。采集接穗的期限,仅限于植株在采穗圃中种植后的 3 年内。

④育苗容器 包括播种器和育苗桶 2 种。播种器是由高密度低压聚乙烯经加工注塑而成,耐重压,防紫外线,耐高温和低温,耐冲击,可多次重复使用,使用寿命为 5～8 年。长 67 厘米、宽 36 厘米,有 96 个种植穴,穴深 17 厘米,每个播种器可播 96 粒枳壳种子,装营养土 8～10 千克。育苗桶由线性高压聚乙烯吹塑而成,桶高 38 厘米,桶口宽 12 厘米,桶底宽 10 厘米,呈梯形方柱。底部有 2 个排水孔,桶周围有凹凸槽,有利于苗木根系生长、排水和空气的渗透,能承受 3～5 千克压力,使用寿命为 3～4 年。每桶移栽 1 株砧木大苗。

3. 容器育苗

(1)营养土配制　营养土可就地取材,其配方为草炭∶河沙∶谷壳=1.5∶1∶1(按体积计),长效肥和微量元素肥可视苗木的生长情况施用。草炭用粉碎机粉碎过筛,最大粒径控制在 0.3～0.5 厘米。河沙若有杂物,也需过筛。栽种幼苗时谷壳需粉碎,移栽大苗则无须粉碎。配制时用 1 个容积为 150 升的斗车,按草炭、沙和谷壳的配方比例,把原料加入到建筑用的搅拌机中,每次搅拌 5 分钟,使其充分混合。可视搅拌机的大小确定加入量,混合后堆积备用。

(2)播种前的准备　将混合均匀的营养土,放入由 3 个分别为200 升分隔组成的消毒箱中,每个消毒箱长 90 厘米、深 60 厘米、宽 50 厘米,离地面高 120 厘米。消毒箱内安装两层蒸汽消毒管,消毒管上每隔 10 厘米打 1 个直径为 0.2 厘米的孔,使管与管间的蒸汽互相循环。利用锅炉产生的蒸汽进行消毒,锅炉温度保持100℃约 10 分钟即可,然后把经消毒的营养土堆放在堆料房中,冷却后即可装入育苗容器。

(3)种子消毒　一般播种量是所需苗木的 1.2 倍,生产中确定具体播种量时需要考虑种子的饱满程度。播种前用 50℃温水浸泡种子 5～10 分钟,捞起后放入用漂白粉消毒的清水中冷却,捞起晾干后备用。

(4)播种方法　播种前,把温室和有关播种器具用 3%来苏儿或 1%漂白粉溶液消毒 1 次。将营养土装到播种容器中,边装边抖动,装满后搬到温室苗床架上,每平方米可放 4.5 个播种器。然后把种子有胚芽的一端植入土中,这样长出的砧木幼苗根弯曲的比较少,而且根系发达,分布均匀,生长快,这是培养健壮幼苗的关键措施之一。播种后覆盖 1～1.5 厘米厚的营养土,灌足水。

(5)砧木苗移栽　当播种苗长至 15～20 厘米高时即可移栽。移栽前充分灌水,然后把播种器放在地上,用手抓住两边抖动,直到营养土和播种器接触面松动,再抓住苗根颈部一提幼苗即起。

起苗后把砧木苗下面的弯曲根剪掉,轻轻抖动去掉根上营养土,淘汰主干或主根弯曲苗、畸形苗和弱小苗。栽苗之前,先把育苗桶装上 1/3 的营养土,把苗固定在育苗桶口的中央位置,再往桶内装土,边装边摇动,使土与根系充分接触,然后压实即可。但注意主根不能弯曲,也不能栽得过深或过浅,以比原来与土壤接触的位置深 2 厘米为宜。栽后灌足定根水,第二天冲施 0.15% 三元复合肥。采用此移栽方法,砧木苗成活率可达 100%,移栽后 4~7 天即可发新梢。

(6)嫁接方法 当砧木直径达到 0.5 厘米时,即可嫁接。可采用"T"形芽接法(图 1-25),嫁接口高度离地面高 23 厘米左右。嫁接时先用嫁接刀在砧木茎比较光滑的一面,垂直向下划 1 条2.5~3 厘米长的口子,深达木质部,然后在水平方向上横切一刀,长约1.5 厘米,使之完全穿透皮层。在接穗枝条上取 1 个单芽,插入切口皮层下,并用长 20~25 厘米、宽 1.25 厘米的聚乙烯薄膜条从切口底部包扎 4~5 圈,扎牢即可。每人每天可嫁接 1 500~2 000株,成活率一般在 95% 以上。为防止品种、单株间的病毒感染,嫁接前对所有用具和手,用 0.5% 漂白粉溶液消毒。嫁接后给每株挂上标签,标明砧木和接穗,以免混杂。

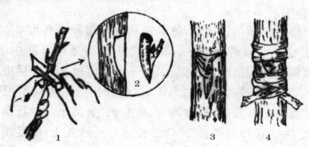

图 1-25 "T"形芽接法
1. 削取芽片 2. 取下芽片 3. 插入芽片 4. 绑缚

（7）嫁接后管理

①解膜、剪砧、补接　在苗木嫁接 21 天后，用刀从接芽反面解膜，此时嫁接口砧穗接合部已愈合并开始生长。解膜 3～5 天后，把砧木顶端接芽以上的枝干反向弯曲过来，把未成活的苗移到苗床另一头进行集中补接。接芽萌发抽梢，待顶芽自剪后，剪去上部弯曲砧木。剪口最低部位不能低于接芽的最高部位，剪口与芽生长的相反方向呈 45°角倾斜，以免水分和病菌入侵，剪口要平滑。由于容器育苗生长快，嫁接后接芽愈合期间砧木萌芽多，应及时抹除。

②立柱扶苗　容器嫁接苗嫩梢生长快，极易倒伏弯曲，需立柱扶苗（图 1-26），可用长约 80 厘米、粗约 1 厘米的竹片或竹竿扶苗。第一次扶苗应在嫁接自剪后插柱，插柱位置应离苗木主干约 2 厘米，以免伤根。立柱插好后，用塑料带把苗和立柱捆成"∞"形，注意不能把苗捆死在立柱上，以免苗木被擦伤或抑制长粗或造成凹痕等而影响生长。生产中应随苗木生长高度而增加捆扎次数，一般应捆 3～4 次，使苗木直立向上生长而不弯曲。

③肥水管理和病虫害防治　播种后5～6 个月砧木苗长至 15 厘米以上时即可移栽，移栽后 5 个月左右即可嫁接，嫁接后 6 个月左右即可出圃，也就是说从砧木种子播种开始算起，到苗木出圃只需 16～17 个月。因此，苗木生长期对肥

图 1-26　立支柱

水要求比较高，一般每周可用 0.3％～0.5％三元复合肥或尿素溶液淋苗 1 次。此外，还需根据苗木生长情况，适时叶面喷施0.2％～0.4％尿素溶液。生产中要严格控制人员进出，执行严格

的消毒措施,防止人为带进病虫源,并注意防治病虫害。

(8)苗木出圃

①苗木出圃的基本要求　无检疫性病虫害的脱毒健壮容器苗,一般采用枳或枳橙作砧木。要求嫁接部位枳橙砧为 15 厘米以上、枳壳砧为 10 厘米以上,嫁接口愈合正常,已解除绑缚物,砧木残桩不外露,断面已愈合或在愈合过程中;主干粗直、光洁、高 40厘米以上,具有 2 个以上非丛生状分枝,且枝长达 15 厘米以上;枝叶健全,叶色浓绿、富有光泽,砧、穗接合部的曲折度不大于 15°;根系完整,主根不弯曲、长 15 厘米以上,侧根、细根发达,根颈部不扭曲。

②苗木分级　在符合砧、穗组合及出圃基本要求的前提下,以苗木径粗、分枝数量、苗木高度作为分级依据。以枳作砧木的砂糖橘嫁接苗,按其生长势的不同可分为一级苗和二级苗,其分级标准如表 1-1 所示。

表 1-1　砂糖橘无病毒嫁接苗分级标准

种　类	砧　木	级　别	苗木径粗(厘米)	分枝数量(条)	苗木高度(厘米)
砂糖橘	枳	一　级	≥0.7	≥3	45
		二　级	≥0.6	≥2	35

以苗木径粗、分枝数量、苗木高度 3 项中最低 1 项的级别定为该苗的级别。低于二级标准的苗木即为不合格苗木。

③苗木调运　连同完整容器(容器要求退回苗圃,以再次利用)调运的,苗木分层装在有分层设施的运输工具上,分层设施的层间高度以不伤枝叶为准。苗木调运途中严防日晒和雨淋,苗木运达目的地后立即检查,并尽快定植。

(9)苗木假植　营养篓假植苗是容器育苗的一种补充形式,具有栽植成活率高、幼树生长快、树冠早成形、早投产、便于管理和可实现周年定植等优点。

①营养篓规格　采用苗竹、黄竹、小山竹和藤木等材料,编成高约 30 厘米、上口直径约 28 厘米、下口直径约 25 厘米、格孔 3～4 厘米的小竹篓(图 1-27)。

②营养土配制　营养篓假植,营养土配制方式:一是以菜园土、水稻田表土、塘泥土和炕土为基础,每立方米土中加人粪尿或沼液 50～100 千克、钙镁磷肥 1～2 千克、垃圾(过筛)150 千克、猪(牛)栏粪 50～100 千克、谷壳 15 千克或发酵木屑 25 千克,充分混合拌匀做堆。堆外用稀泥糊成密封状,堆沤 30～45 天,即可装篓(袋)栽苗。

图 1-27　营养篓规格及
苗木假植示意图

二是以菜园土、水稻田表土、塘泥土和炕土为基础,每立方米土中加饼肥 4～5 千克、三元复合肥 2～3 千克、石灰 1 千克、谷壳 15 千克或发酵木屑 25 千克,充分混合拌匀做堆。堆外用稀泥糊成密封状,堆沤 30～45 天,即可装篓(袋)栽苗。三是按 50%水稻田表土、40%蘑菇渣、5%火土灰、3%鸡粪、1%钙镁磷肥和 1%三元复合肥的比例配制,待营养土稍干后,充分混合,把碎拌匀做堆。堆外用稀泥糊成密封状,堆沤 30～45 天,即可装篓(筐)栽苗。

③苗木假植时间　砂糖橘苗木营养篓(袋)假植的最适宜时间为 10 月上旬至下旬秋梢老熟后,此时气温开始下降,天气变得凉爽,但地温尚高,苗木栽后根系愈合良好,可发出新根,有利于安全越冬。

④假植方法　苗木装篓假植前,先解除苗木嫁接口的薄膜带,将主、侧根的伤口剪平,并适当剪短过长的根,以利伤口愈合和栽植。假植时,营养篓内先装 1/3～1/2 的营养土,然后把苗木放在

篓的中央,将根系理顺,一边加营养土,另一边将篓内营养土压紧,使根系与营养土紧密结合,土填至嫁接口下即可。每 4~6 篓排成 1 排,整齐排成畦,畦宽 120 厘米,畦与畦之间留 30 厘米以上的作业小道,以便于苗期管理(图 1-28)。篓与篓之间的空隙用细土填满,上面用稻草或芦箕进行覆盖,以保温并防止杂草滋生。最后浇足定根水。

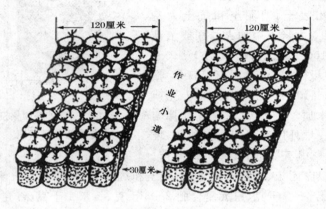

图 1-28　营养篓苗木假植方法示意图

　　⑤假植苗管理　采用营养篓假植苗木,应做好以下几项管理:一是秋冬假植的苗木,注意搭棚覆盖防冻,霜冻天夜间覆盖,白天注意棚两头通风透气或不覆盖,翌年开春后揭盖。二是空气干燥的晴天注意浇水,保持篓内土壤湿润;雨季则应注意开沟排水。三是苗木假植期,施肥宜勤施薄施。苗木生长期间,一般每隔 15~20 天浇施 1 次腐熟稀薄人粪尿(或腐熟饼肥稀释液),或 0.3％尿素加 0.5％三元复合肥混合液。秋梢生长老熟后停止土壤施肥,如叶色欠绿,则可每月叶面喷施 1 次叶面肥,如叶霸、氨基酸、倍力钙等。四是加强病虫害防治。砂糖橘幼苗 1 年

第一章　砂糖橘苗木繁育与良种选育技术

多次抽梢,易遭受炭疽病、溃疡病和金龟子、凤蝶、象鼻虫、潜叶蛾、红蜘蛛等病虫危害,要加强观察,及时防治。五是除萌蘗和摘除花蕾。主干距地面 20 厘米以下的萌蘗枝要及时抹除,以保证苗木健壮生长。同时,要及时摘除花蕾,疏删部分丛生弱枝,促发枝梢健壮生长。

砂糖橘无病毒苗木繁育流程如图 1-29 所示。

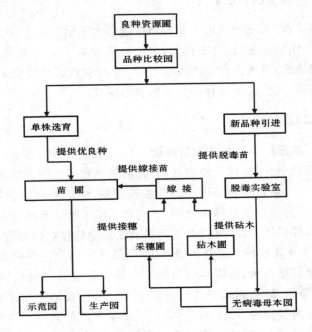

图 1-29　砂糖橘无病毒苗木繁育流程图

二、砂糖橘高接换种

高接换种就是在原有老品种的主枝或侧枝上,换接优良品种(新品种)的接穗,使原有品种得到更新的一种方法。

(一)高接换种的意义

高接换种,充分利用了原有植株的强大根系和枝干,由于营养充足,很快形成树冠、恢复树体,可以提早结果。因此,高接换种对改造旧果园,更换良种园中混杂的劣株,实现良种区域化,提高产量和品质,加快良种选育等具有重要的意义。

(二)品种选择

1. 高接品种 高接的品种应是经过试验证明比原有品种更丰产、品质更优良、抗逆性更强,并具有较高市场竞争力的新品种。也可是一些新选育和新引种的优良株系的接穗,通过高接扩大接穗来源。为了加快良种选育,可高接在已结果的成年树上,以缩短幼龄期,提早进入结果期,以达到提前鉴定遗传性状的目的。

2. 被换接品种 被换接的品种:一是品种已发生退化,品质变劣,经过高接换种,可更换劣品种。二是需要调整品种结构,提高市场竞争力,以达到高产优质高效栽培。三是长期不结果的实生树,经过高接换种,可达到提早结果、提早丰产的目的。四是树龄较长、已经进入衰老阶段,或是长期失管的果园,树体衰弱,通过高接壮年树上的良种接穗,可达到更新树体、恢复树势和提高产量的目的。

(三)高接换种时期

高接换种通常应选择春、秋两季较为适合。春季为 2 月下旬至 4 月份,秋季为 8 月下旬至 10 月份。由于气温超过 24℃不适宜高接换种,因此夏季,即 5 月中旬至 6 月中旬,不宜进行大范围的高接换种,只能进行少量的补接。

(四)高接换种方法

高接换种可选择切接、芽接和腹接,如果被接树枝较粗大也可选用劈接法。嫁接方法,除砧木部位不同外,与苗圃嫁接方法相同。春季可采用切接、劈接和腹接,在树枝上部可选用切接法,保留 1/4~1/3 量辅养枝,以制造一定的养分,供给接穗及树体的生长;在树枝中部,砧木较粗大时,可采用劈接法,在砧桩切面上的切口中接 1~2 个接穗;在树枝的中下部,可采用腹接法。秋季可采用芽接和腹接,以芽接为主,腹接为辅。夏季可采用腹接和芽接,以腹接为主,芽接为辅。

(五)高接换种部位

高接换种部位应从树形和降低嫁接部位方面考虑,一般幼龄树可在一级主枝上 15~25 厘米处,采用切接或劈接,接 3~6 枝;较大的树,在主干分枝点以上 1 米左右,选择直立、斜生的健壮主枝或粗侧枝,采用切接或劈接时,在离分枝 15~20 厘米处锯断进行嫁接,一般接 10~20 枝,具体嫁接数量可根据树冠大小及需要而定;如果采用芽接和腹接,则不必回缩,只要选择分布均匀、直径 3 厘米以下侧枝的中下部进行高接。无论采用哪种高接法,都要尽可能降低嫁接部位。这是因为嫁接部位太高,不仅树冠不紧凑,管理不方便,而且养分输送距离长,不利于结果。高接时还要考虑枝条生长状态,直立枝接在外侧嫁接,斜生枝接在两侧嫁接,水平枝接在上方嫁接。

(六)高接换种后管理

1. 伤口消毒包膜　采用芽接和腹接高接换种者,接后立即用塑料薄膜条包扎伤口,要求包扎紧密,以防伤口失水干燥,影响成活。对于高接树枝较粗者,通常采用切接和劈接法进行作业。要求用 75％酒精对伤口消毒,并涂上树脂净或防腐剂(如油漆、石硫合剂等)进行防腐,然后包扎塑料薄膜条进行保湿。对于主干和主枝,可用 2％~3％石灰水(加少许食盐,增加黏着性)刷白,以防日灼和雨水、病菌侵入。

2. 检查成活,及时补接　高接后 10 天左右检查成活情况,凡接穗失去绿色的,表明未接活,应立即补接。

3. 解膜、剪砧　春季,采用切接、劈接和腹接作业者,待伤口完全愈合后,接穗保持绿色者,及时解除薄膜;切忌过早除去包扎物,以免影响枝芽成活。夏季,采用腹接和芽接作业者,待伤口完全愈合后,接芽保持绿色者,及时解除薄膜露出芽眼,并及时剪砧,以免影响接芽的生长。剪砧分 2 次进行,第一次剪砧在接穗芽萌发后,在离接口上方 15~20 厘米处剪断,保留的活桩可作新梢扶直之用。待新梢停止生长时,进行第二次剪砧,在接口处以 30°角斜剪去全部砧桩,注意不伤及接芽新梢。要求剪口光滑,并在伤口涂接蜡或沥青保护,以利愈合。秋季,采用芽接和腹接作业者,应在翌年立春后解除薄膜露出芽眼,并进行剪砧,防止接穗越冬时受冻死亡。

4. 及时除萌促进接芽生长　高接后,在接穗萌发前及萌发抽梢后的生长期中,砧桩上常抽发大量萌蘖,要及时除去砧木上所有萌蘖,一般 5~7 天抹萌蘖 1 次,以免影响接芽生长,并可用刀削去芽眼,促使接穗新梢生长健壮。

5. 摘心整形,设立支柱护苗　高接后,当接芽抽梢 20~25 厘米长时应摘心整形。摘心可促进新梢老熟、生长粗壮,及早抽生侧枝,增加分枝级数,促使树冠早形成、早结果。以后抽发的第二次梢和第三次梢均应在 20～25 厘米长时摘心,以培养紧凑树冠。接穗新梢枝粗叶大,应设立支柱加以保护,以防机械损伤和风吹折断。

6. 病虫害防治　接穗新梢生长期,要加强病虫害防治,尤其要加强对凤蝶、潜叶蛾、蚜虫、卷叶蛾和红蜘蛛等害虫的防治,以保护新梢叶片,促使接穗新梢生长健壮。

三、砂糖橘良种选育

(一)良种选育的意义

选育优良品系是实现砂糖橘高产优质高效栽培的前提。良种选育,除了考虑其丰产性、优质性、适应性和抗逆性等基本性状外,还要考虑其商品性、贮藏性和市场竞争性等。

(二)良种选育目标

为了保证砂糖橘优良的性状,克服目前砂糖橘生产中存在的果型小、种子多、抗病能力弱、果实贮藏性差、大小年结果现象明显等缺点,砂糖橘良种选育应从以下几方面着手。

1. 大果型品种的选择　选种目标是果实大或较大,单果重 60～80 克,果实均匀整齐、商品性能好,而且大果型的优良性状能稳定地传递给子代,以提高砂糖橘商品竞争能力。

2. 高品质品种的选择　在品质选择方面,应注意对无核或少核性状进行选择。同时,为了适应市场要求,还应注重色泽、形状、整齐度等果实外观,以及柔软化渣、高糖、高可溶性固形物、浓香型等果实内在品质方面的选择。

3. 不同熟期品种的选择　重视早熟(10 月中下旬至 11 月上

砂糖橘栽培 10 项关键技术

旬)、中熟(11 月中下旬至 12 月上旬)、晚熟(12 月中下旬至翌年 1 月上旬)品种的选育,既可调节市场,均衡供市,又可减轻由于成熟期过于集中,而造成采、运、销紧张的压力。

4. 抗性能力强品种的选择 注重选择抗冻能力强的品种,通常能抗—5℃低温、耐寒能力强,具有较强适应能力的优良单株,对疮痂病、裂果病、溃疡病和锈壁虱、蚧类等害虫也表现出较强的抗性,以减轻冻害和病虫危害的威胁。

5. 丰产性能好品种的选择 丰产性是砂糖橘芽变选种的基本要求。生产中砂糖橘极易产生大小年结果现象,要求芽变选种时,对变异体不仅要考虑丰产性,还要重视稳产性的选育。一般要求小年树的产量应为大年树产量的 70% 以上。

6. 耐贮藏运输品种的选择 为了延长砂糖橘市场供应期,提高砂糖橘商品价值,应注重果实耐藏性的选育,以增强市场竞争能力。

(三)良种选育时期

砂糖橘为常绿性果树,其芽变选种原则上可在整个生长发育过程中的各个时期进行。芽变选种要细致,认真观察抓住果实成熟期、灾害期等有利时机进行选种,以提高砂糖橘的选种效果。

1. 果实成熟期选种 砂糖橘选种的许多重要经济性状,在果实成熟期和采收期可集中表现出来,如果实的着色情况、成熟期、果形、品质以及结果习性、丰产性等。如以选择果实优良品质为目标,其芽变选种应该在果实成熟前的着色初期开始,对果实经济性状进行细致观察;如以选择果实早熟为目标,其芽变选种应该在比原品系成熟期早 10～15 天进行细致观察;如以选择果实晚熟为目标,应把表现晚熟变异的果实留在树上延期采收,一直观察到成熟为止。

2. 灾害期选种 在冻害、旱害、涝害和病虫害等自然灾害猖獗发生之后,应抓住有利时期,选择抗自然灾害能力特别强的变异类型,进行细致的观察。例如,以选择抗寒性强为目标者,其芽变选种应该在冻害发生之后进行;以选择抗旱性强为目标者,其芽变选种应该在遇长期干旱之后进行;以选择抗病性强为目标者,其芽变选种应该在发病严重时进行。

(四)良种选育方法

芽变选种一般按二级选种程序,分 3 个阶段进行。第一级为从生产园选出变异体,即初选阶段;第二级为变异体无性繁殖系的筛选和鉴定,也即复选阶段和决选阶段。

1. 初选阶段的选育

(1)发掘优良变异　选出优良的突变体是芽变选种的最基本环节。生产中芽变选种要把专业性选种与群众性选种结合起来,建立必要的选种组织,普及选种技术,明确选种目标,开展包括座谈访问、群众选报、专业普查等多种形式的选种活动。对初选优系进行编号,并做出明显标志,填写记载表格(表 1-2)。果实应单采单放,并确定环境相同的对照树,进行对比分析。

(2)变异分析和鉴别　变异有遗传性物质变异和非遗传性物质变异 2 种。砂糖橘芽变是属于遗传性物质的突变,其性状是可以遗传的。受环境条件,包括砧木、施肥制度、果园覆盖作物、果园地形及地势、土壤类型、各种气象因素以及一系列栽培措施等影响而出现的变异,称为饰变。生产中必须正确区别这两类不同性质的变异,既不能把芽变当做饰变,也要避免把饰变看作是可以遗传的芽变。当发现 1 个变异体,首先就要对它进行分析鉴别,以筛除大量的饰变。初选阶段需要连续 3 年的观察记录材料,再经过有关部门鉴定通过,方可确定为优良单株,并加以保护。砂糖橘选种鉴定标准如表 1-3 所示。

表 1-2　砂糖橘选单株田间记录表

植株编号 _____ 品系名称 _____

产　地 _____ 县 _____ 乡 _____ 村

小地名 _____

项　目	田间记录	项　目	田间记录
土　壤		土　质	
繁殖方法		砧木名称	
树　龄		树　势	
树　姿		树　形	
株　高		冠　径	
干　高		干　周	
叶片特征		枝梢抽生	
果实转色期		情况	
果　形		果实成熟期	
果皮色泽		果实整齐度	
果顶特征		果皮粗细	
平均果重		果基特征	
抗逆性		当年产量	
可溶性固		抗病虫害	
形物		单果种子数	
品　质			
变异特点			
田间总评			

注:冠径为树冠东西径×南北径。

　　干周为离地面 10 厘米处树干周长。

第一章 砂糖橘苗木繁育与良种选育技术

表 1-3 砂糖橘选种鉴定标准

项　目	鉴定内容	鉴定标准
田间性状	树　势 （5分）	强 5 分；较强 4 分；较弱 2～3 分；弱 0～1 分
	产　量 （25分）	小年树产量为大年产量的 80％以上者，20～25 分；为大年产量的 70％以上者，13～19 分；为大年产量的 50％者，8～12 分或酌情减分
果实外观	形　状 （4分）	扁圆形 4 分；圆球形 1～3 分
	大　小 （10分）	大（50～70 克），9～10 分；中（40～50 克），7～8 分；小（30～40 克），5～6 分；偏小（30 克以下），3～4 分或相应扣分
	整齐度 （4分）	整齐 4 分；较整齐 3 分；不整齐 1～2 分
	色　泽 （5分）	深（橙红色），5 分；中（橙色），3～4 分；浅（黄色），1～2 分
	果皮粗细 （7分）	细，6～7 分；中，4～5 分；粗，1～3 分
	评级：以上 5 项综合评定，22 分以上者为上；15～21 分者为中；15 分以下者为下	

续表 1-3

项 目	鉴定内容	鉴定标准
果实内质	果皮厚薄 (3 分)	薄(0.2～0.3 厘米),2～3 分;中(0.3～0.4 厘米),2 分;厚(0.4 厘米以上),1 分
	种子数 (7 分)	0 粒,7 分;1～2 粒,6 分;以后每增加 1 粒扣 0.5 分
	可溶性固形物(7 分)	10% 为 10 分;以后每增加 0.5%,增加 1 分
	酸甜度 (5 分)	浓甜 5 分;酸甜 4 分;甜酸 2～3 分;酸 0～1 分
	风味 (4 分)	风味浓,4 分;风味中等,2～3 分;风味淡,1 分
	果汁 (3 分)	多 3 分;中 2 分;少 1 分
	质地 (3 分)	细嫩或脆嫩 3 分;细软 2 分;粗 1 分
	化渣程度 (5 分)	化渣 5 分;较化渣 2～4 分;不化渣 1～2 分
	香气 (3 分)	浓 3 分;中 2 分;淡 1 分
	评级:以上 9 项综合评定,35 分以上者为上;30～34 分者为中上;25～29 分者为中;20～24 分者为中下;20 分以下者为下	

2. 复选阶段(包括高接鉴定圃及选种圃)

(1)高接鉴定圃 将初选阶段选出的变异体,通过高接嫁接到砂糖橘植株上,观察其变异性状。在高接鉴定中,如果是用普通砂糖橘为中间砧,则既要考虑基砧相同,又要考虑中间砧的一致,为了消除砧木的影响,必须把对照与变异体高接在同一高接砧上。通常在高接鉴定圃中高接鉴定的材料,比选种圃种植的砂糖橘结果期早,特别是对于变异体较小的枝变,通过高接可以在较短时间内为鉴定提供一定数量的果品。高接鉴定圃的作用,在于为深入鉴定变异性状和鉴定变异的稳定性提供依据,同时也为扩大繁殖提供接穗材料。

(2)选种圃　采用高接鉴定圃中提供的变异接穗,经嫁接繁殖的变异株系,栽种在选种圃内。它的作用在于,全面而又精确地对变异体的性状做出综合鉴定。这是因为在选种初期,往往只注意特别突出的优变性状,而忽略了一些不易被发现,或容易被疏忽的数量性状的微小劣变。特别是对于丰产性之类的变异,在高接鉴定圃中,往往难以做出正确结论,必须通过选种圃的全面观察比较,才能做出正确的鉴定。选种圃地,要力求均匀整齐,每圃可栽种几个品系,每个品系不少于 10 株。在选种圃内,每个品系观察10 株,并逐株建立圃内档案,连续进行 3 年观察记载。根据决选要求,材料应不少于 3 年的鉴定结果,由负责选种的单位准备好,并提出复选报告,将最优秀的变异株系作为入选品系,提交上级部门,组织决选。

3. 决选阶段　在决选单位提出复选报告之后,由主管部门组织有关人员,对入选品系进行评定决选。

参加决选的品系,应由选种单位提供下列完整资料和实物:①综合报告。该品系的选种历史、评价发展前途的综合报告。②鉴定数据。该品系在选种圃内连续不少于 3 年的果树学与农业生物学的完整鉴定数据。③试验结果。该品系在不同自然区内的生产试验结果和有关鉴定意见。④果样。该品系及对照的新鲜果实,数量不少于 25 千克。

(五)良种母本园建立

1. 建立良种母本园的意义 苗木质量的好坏,直接影响树体的生长发育和抗逆性的强弱,影响进入结果期的早晚,最终影响产量和品质。建立良种母本园,培育纯正的良种壮苗是砂糖橘丰产优质高效栽培中极其重要的环节,直接关系砂糖橘建园的成败。

2. 良种母本园的建立

(1)原始母本树选择 每年采果前,观察枝叶生长和果实形态,确定品种是否纯正。经过品种纯正性观察,淘汰不符合本规程要求的植株,选定综合性状优良、长势良好、丰产优质、品种纯正的优良单株作为原始母本树。原始母本树入选原则:树龄在 10 年以上,有品种与品系的名称、来历及品质和树性等记载资料;经济性状优良,品种纯正,遗传性稳定;树形、叶形、果形一致,没有不良变异。

(2)原始母本树感病情况的鉴定与脱毒

①鉴定 每年 10~11 月份,调查原始母本树砂糖橘黄龙病发生情况。每隔 3 年应用指示植物(如葡萄柚、番茄)或血清学技术,检测砂糖橘衰退病及裂皮病等感染情况。经过病害调查和检测,淘汰不符合要求的植株。原始母本树感病情况的鉴定标准:一是 3 年内无衰退病及裂皮病的典型症状。二是抗衰退病的血清测定无阳性反应。三是经电镜检查未发现原核微生物的线状病毒质粒。

②脱毒 培养砂糖橘无病毒苗木,可通过茎尖嫁接或热处理与茎尖嫁接相结合,进行脱毒,获得无病毒母本树。

(3)建立母本园 母本园中栽植的良种母本树,主要是为培育纯正良种苗提供接穗。经芽变选种,通过专业部门鉴定,确定为优良单株,选择土层深厚、肥沃、排水良好、小气候优越的地方定植。大苗应密植,为通常定植株行距的 2 倍,进行大肥大水精细管理,并建立单株档案,保证随时有足够的良种繁殖材料供应。母本树管理的要求是:专供剪穗,不宜挂果,可进行夏季修剪,短截枝条,去除果实,促发较多新枝,保证生产足够的接穗;精细管理,增加施肥量,注意防治病虫害;采穗前如遇干旱天气,应对母本树连续浇水 2~3 次,提高枝叶含水量,可使嫁接削芽时芽片光滑,有利于提高嫁接成活率。

(六)主要优良品种品系

砂糖橘虽然果实品质优良,但仍存在种子多及果实大小不均等问题。目前,通过芽变选种,选育出了多个品种品系,尤其是无核砂糖橘的成功选育,克服了种子过多的问题,极大地提高了果实品质,增加了市场竞争力。最有价值的为无(少)核砂糖橘新品种品系。

1. 普通砂糖橘　树势强壮,树姿较开张。树冠圆锥状圆头形,主干光滑、黄褐色至深褐色,枝较小而密集,叶片卵圆形、先端渐尖,一般叶长约 8 厘米、宽约 3.3 厘米。叶缘锯齿明显,叶色深绿色,叶面光滑、油胞明显。花白色,花型小,花径 2.5~3 厘米,花瓣 5 个,花丝分离、12 枚,花柱高 17 厘米左右,雌、雄同时成熟。果实扁圆形,果形指数为 0.78,单果重 30~80 克,平均单果重 60克,果皮鲜橘红色,果顶平,脐窝小呈浅褪色,果蒂部平圆、稍凹,油胞圆、密度中等、稍凸,果面平滑、有光泽。果皮薄而稍脆,白皮层薄而软,极易与果肉分离,瓤瓣 7~10 片、半圆形、大小一致、排列整齐,中心柱大、中空、瓤衣薄、极易溶化。汁胞呈不规则多角形、橙黄色,质地极柔软,果汁多,味浓甜,化渣,富有香气。可溶性固形物 10.5%~15%,果汁含糖量 11~13 克/100 毫升,柠檬酸含量为 0.35~0.5 克/100 毫升,维生素 C 含量为 24~28 毫克/100 毫升,固、酸比为 20~60:1。种子数 0~6 粒,品质上等。果实 11月下旬至翌年 1 月中旬成熟。该品种适应性强,树冠内结果率高,丰产性好,高产稳产,品质优,耐贮运,抗病抗逆性强。

2. 无核砂糖橘　系由华南农业大学与广东省四会市石狗镇经济实业发展总公司合作,在该镇选育。树冠圆头形,发枝力强,枝条密生,树姿较开张,树势中等,结果能力强。果实圆形或扁圆形,果形指数(纵径/横径比)0.75,果实横径 4.5～5 厘米,单果重 40～45 克,果顶部平,顶端浅凹,柱痕呈不规则圆形,蒂部微凹,果皮薄而脆,油胞突出明显、密集、似鸡皮,果皮橘红色、呈朱砂状、清红靓丽,果皮与果肉紧凑,但易分离。瓤瓣 10 个、大小均匀、半圆形,中心柱大而空虚,汁胞短肥,呈不规则多角形、橙黄色,果肉清甜多汁,富有香气,可溶性固形物 12.7%～15%,无核化渣,爽口脆嫩,风味极佳,品质上乘。成熟期为 11～12 月份。该品种适应性广,耐寒性较强,短枝矮化,早结果、丰产稳产。

3. 四倍体砂糖橘　20 世纪 80 年代由华南农业大学园艺系陈大成等教授,以嫁接苗为材料,通过秋水仙素诱变处理而获得的四倍突变体育成。主要特性:一是果实大,平均单果重 72.8 克,果实扁圆形,果形指数约 0.75,果皮厚约 0.24 厘米,着色好,果皮鲜橙红色。二是品质好,果肉多汁、化渣,味清甜有浓香,可溶性固形物 13%～14.3%。三是少核,单果种子平均 4.85 粒,属少核品种。四是早结果、丰产性好。据广东省东莞市清溪镇大面积栽培,表现为生长势旺盛,早结丰产性与原种同。四倍体砂糖橘是生产大果型、少核种的优良品系。

第二章　砂糖橘高标准建园技术

砂糖橘是多年生常绿果树,一经种植长期在一个固定的地方生长结果,其栽培地的气候、土壤和水源等环境条件,直接影响砂糖橘的生长发育和经济效益。因此,园地选择要从气候、土壤和水源等条件考虑,进行科学论证。建园时,园地的规划、品种的选择、栽植密度与栽培技术同样非常重要。

一、园地选择与规划

(一)园地选择

在建园前要根据砂糖橘的生物学特性,分析建园地的地形、气候、土壤、水源等环境条件,综合评价,因地制宜选择园地。

1. 气候条件　栽植砂糖橘适宜的气候条件:年平均温度15℃~22℃,生长期间≥10℃的年活动积温为4 500℃~8 000℃,冬季极端低温为−5℃以上,1月份平均温度≥8℃。年降水量为1 200~2 000毫米,空气相对湿度为65%~80%,年日照在1 600小时左右,昼夜温差大,无霜期长。

2. 土壤条件　砂糖橘适应性强,对土壤要求不严,红壤、紫色土、冲积土等均能适应。但以土层深厚、肥沃、疏松、排水通气性好、pH值6~6.5的微酸性、保水保肥性能好的壤土和沙壤土为佳。红壤和紫色土通过土壤改良,也适合砂糖橘种植。

3. 水源条件　水分是砂糖橘树体重要组成部分,枝叶中的水分含量占总重的50%~75%,根中的水分占60%~85%,果肉中的水分占85%。水分是砂糖橘生长发育不可缺少的因素,水分不足致生长停滞,从而引起枯萎、卷叶、落叶、落花、落果,降低产量和品质。因此,建立砂糖橘园,特别是大型砂糖橘园,应选择近水源或可引水灌溉的地方。但水分过多,土壤积水,土壤中含氧量降低,根系生长缓慢或停止,也会产生落叶、落果及根部危害。尤其是低洼地,地下水位较高,降雨多的年份易造成砂糖橘园积水,常常产生硫化氢等有毒害的物质,使砂糖橘根系受毒害而死亡。同时,地势低洼,通风不良,易造成冷空气沉积,致使砂糖橘开花期遭受晚霜危害,影响产量,因此在低洼地不宜建立砂糖橘园。

4. 园地位置 丘陵山地建园,应选择在坡度 25°以下的缓坡地,具有光照充足、土层深厚、排水良好、建园投资少、管理便利等优点。平地或水田建园,必须采用深沟高畦种植,以利排水,具有管理方便、水源充足、树体根系发达、产量高等优点。但平地建园,果园通风、日照及雨季排水往往不如山地果园,而且还要重点考虑园地的地下水位,以防果园积水,通常要求园地地下水位距地面应在 1 米以上。此外,园地的选择,还要考虑交通因素,这是因为果园一旦建立,就要有大量生产资料的运入和大量果品的运出,必须有相应的交通条件。

(二)园地规划

园地选定后,应根据建园要求与当地自然条件,本着充分利用土地、光能、空间和便于经营管理的原则,进行全面的规划。规划的具体内容包括:作业小区的划分、道路设置、水土保持工程的设计、排灌系统的设置以及辅助建筑物的安排等。

1. 作业小区的划分 为便于耕作管理,应根据地形、地势和土壤条件,因地制宜地将果园划分成不等或相等面积的作业小区。果园小区面积的大小,取决于果园规模、地形及地貌。同一小区,要求土壤类型、地势等尽量保持一致。小区的划分,应以便于管理,以利于水土保持和便于运输为原则,一般不要跨越分水岭,更不要横跨凹地、冲刷沟和排水沟。小区面积不宜过大或过小,过大管理不便,过小浪费土地,通常大的 1～2 公顷,小的 0.6～1 公顷。在丘陵山地建园,地面崎岖不平,小区面积甚至可小于 0.4 公顷。

2. 道路的设置　因地制宜地规划好园路系统,可方便田间作业,减轻劳动强度,降低生产成本。道路的设置应根据果园面积的大小,规划成由主干道、支道和田间作业道组成的道路网。

(1)主干道　主干道要求位置适中,贯穿全园,并与支道相通、与外界公路相接。一般要求路宽 5～7 米,能通行大汽车,是果品、肥料和农药等物资的主要运输道路。山地果园的主干道,可以环山而上,或呈"之"字形延伸。路边要修排水沟,以减少雨水对路面的冲刷。

(2)支道　支道应与小区规划结合设置,可作为小区的分界线。支道要与主干道相连,要求路宽 3～4 米。山地建园,支道可沿坡修筑,但应具有 0.3% 的比降,不能沿等高线修筑。

(3)田间作业道　为方便管理和田间作业,园内还应设田间作业道,要求路面宽 1～2 米。小区内应沿水平横向及上、下坡纵向,每距离 50～60 米设置 1 条田间作业道。

3. 水土保持工程设计　在山地建立砂糖橘园,必须规划和兴建水土保持工程,以减少水土流失,为砂糖橘生长发育奠定良好的基础。

(1)营造涵养林　在果园最高处山顶,保留植被作为涵养林,这就是通常所说的"山顶戴帽"。涵养林具有涵养水源、保持水土、降低风速、增加空气湿度、调节小气候等作用。一般坡度在 15°以上的山地要求留涵养林,涵养林范围应占坡长的 1/5～1/3。

(2)修筑等高截洪沟　坡度 15°以上的山地,应在涵养林下方挖宽、深各 1 米的等高环山截洪沟。挖截洪沟时,要将挖起的土堆在沟的下方,做成小堤。截洪沟可以不挖通,每隔 10～20 米留 1 个土埂,土埂比沟面高 20～30 厘米,以拦截并分段蓄存山顶径流,防止山洪冲刷梯田。截洪沟与总排水沟相接处,应用石块砌 1 个堤埂或种植草皮,也可在此处建 1 个蓄水池,以防冲刷。

（3）修筑等高梯田　等高梯田是将陡坡变成带状平地,使种植面的坡度消失,可以防止雨水侵蚀冲刷,起到保水、保肥、保土的作用。目前,江西赣南盛行修筑的是反坡梯田,即在同一等高水平线上,把梯田面修成内低外高,里外高差 20 厘米左右,形成 1 个倾斜面。

（4）挖竹节沟　在梯壁脚下挖掘背沟,沟宽 30 厘米、深 20～30 厘米,每隔 10～15 米在沟底挖 1 个宽 30 厘米、深 10～20 厘米的沉沙坑,并在其下方筑 1 个小坝,形成"竹节沟",使地表水顺内沟流失,避免大雨时雨水冲刷梯壁而崩塌垮壁。

4. 排灌系统的设置　有的地区,如江西赣南地区,雨量充沛,但年降雨量分布不均匀,上半年阴雨绵绵,以至地面积水,有时伴有暴雨成灾;下半年常出现伏秋干旱,对砂糖橘的正常生长发育不利,因此山地砂糖橘园必须具有良好的排灌设施。灌溉水源主要有池塘、水库、深井和河流等,灌溉系统设置应在建园前考虑,并建设好。规划排灌系统的总原则是以蓄为主,蓄、排兼顾,降水能蓄,旱时能灌,洪水能排,水不流失,土不下山。

（1）蓄水和引水　山地建园,多利用水库、塘、坝来拦截地面径流,蓄水灌溉。如果果园是临河的山地,需制订引水上山的规划;若距河流较远,则宜利用地下水(挖井)灌溉。

（2）等高截洪沟　在涵养林下方挖 1 条宽、深各 1 米的等高环山截洪沟,拦截山水,将径流山水截入蓄水池。下大雨时,要将池满后的余水排走,以保护园地免受冲刷。

（3）排(蓄)水沟　纵向与横向排(蓄)水沟要结合设置。纵向(主)排水沟,可利用主干道和支道两侧所挖的排水沟(深、宽各 50 厘米),将等高截洪沟和部分小区排水沟中蓄纳不了的水排到山下。横向排水沟,如梯田内侧的"竹节沟",可使水流分段注入主排水沟,以减弱径流冲刷。

(4)引灌设施

①修筑山塘或挖深水井　水源丰富的地方,可修筑山塘或挖深水井,用于引水灌溉。

②修筑大型蓄水池　在果园最高处,也可在等高截洪沟排水口处,修建大型蓄水池,容量为 100 米³,并且安装管道,使水通往小区,便于浇灌。

③简易蓄水池　每个小区内,要利用有利地势,修建 1 个 20～30 米³ 的简易蓄水池,以便在雨季蓄水,旱季用于浇灌。

5. 辅助建筑物的安排　辅助建筑物包括管理用房和药械、果品、农用机具等的贮藏库。管理用房,即场部(办公室、住房)是果园组织生产和管理人员生活的中心。小型果园场部应安排在交通方便、位置比较中心、地势较高而又距水源不远或提水引水方便的地方;大型果园场部应设在果园干道附近,与果园相隔一定距离,防止非生产人员进入果园,减少危险性病虫带进果园,杜绝检疫性病虫通过人为因素在果园中传播蔓延,确保生产安全。果品仓库应设在交通方便,地势较高、干燥的地方;贮藏保鲜库和包装厂应设在阴凉通风处。此外,包装场和配药池等建在作业区的中心部位较合适,以利于果品采收集散和便于药液运输。粪池和沤肥坑,应设置在各区的路边,以便于运送肥料,一般每 0.6～0.8 公顷园地应设 1 个水池、粪池或沤肥坑,以便于小区施肥和喷药。

二、园地开垦

(一)山地果园开垦

1. 修筑等高梯田　梯田是山地果园普遍采用的一种水土保持形式,是将坡地改造成台阶式平地,使种植面的坡度消失,从而防止了雨水对种植面土壤的冲刷。同时,由于地面平整,耕作方便,保水保肥能力强,因而所栽植的砂糖橘生长良好,树势健壮(图 2-1)。

图 2-1 水平梯田

(1)清理园地 把杂草、杂木与石块清理出园,草木可晒干后集中烧掉作肥料用。

(2)确定等高线

①测定竖基线 以作业小区为施工单位,选择有代表性的坡面,用绳索自坡顶拦洪沟到坡脚牵直画一直线,即为竖基线。选择画竖基线处的坡面要有代表性,若坡度过大,则全区梯面多数太宽;若过小,全区梯面会出现很多过窄的"羊肠子"。梯田由梯壁、梯面、边埂和背沟(竹节沟)组成(图 2-2)。

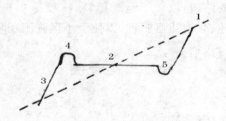

图 2-2 梯田结构
1.原坡面 2.梯田 3.梯壁 4.边埂 5.背沟

②测定基点　基点是每条梯面等高线的起点。在距坡顶拦洪沟以下 3 米左右处竖基线上定出第一个基点，即第一梯面中心点，打上竹签，做好标记。选 1 根与设计梯面宽相等的竹竿（或皮尺），将其一端放在第一个选定的基点上，另一端系绳并悬重物，顺着基线执在手中，使竹竿顺竖基线方向保持水平，悬重物垂直向下指向地面的接触点，就是第二个基点。依次得出第三、第四……个基点，基点选出后，各插上竹签。

③测定等高线　等高线的测定，通常以竖基线上各基点为起点，向左右两侧测出。其方法如下：

方法一　用等腰人字形架（图 2-3）测定。人字形架长 1.5 米左右，两人操作，一人手持人字形架，另一人用石灰画点，以基点为起点，向左右延伸，测出等高线。测定时，人字形架顶端吊一铅垂线，将人字形架的甲脚放在基点上，乙脚沿山坡上下移动，待铅垂线与人字形架上的中线相吻合时，定出的这一点为等高线上的第一个等高点，并做上标记。然后使人字形架的乙脚不动，将甲脚旋转 180° 后，沿山坡上下移动，铅垂线与人字形架上的中线相吻合时，测出的这一点为等高线上的第二个等高点。照此法反复测定，直至测定完等高线上的各个等高点为止。将测出的各点连接起来，即为等高线。依同样的方法测出各条等高线（图 2-4）。

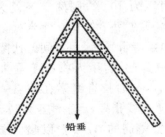

铅垂

图 2-3　等腰人字形架

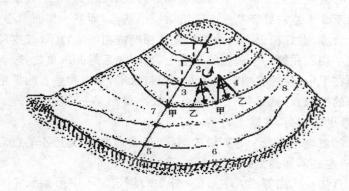

图 2-4 用等腰人字形架测定基点、等高线示意图

1. 第一个基点 2. 第二个基点 3. 第三个基点
4. 等腰人字形架 5. 基线 6. 等高线 7. 增线 8. 减线

　　方法二　用水平仪或自制双竿水平等高器(图 2-5)测定。用两根标写有高度尺码的竹竿,两竿等高处捆上 10 米长绳索,绳索中央固定一木制等边三角板,在三角板底边中点悬一重物。当两端竹竿脚等高时,则重垂线正好对准三角板的顶点。若要求比降时,则先计算出两竿间距的高差(高差＝比降×间距)。如要求比降为 0.5％,两竿间距为 10 米,则两竿高差为 0.5％×1 000 厘米＝5 厘米。如一端系在甲竿的 160 厘米处,则另一端应系在乙竿的 155 厘米处,绳索牵水平后,两点间的比降即为 0.5％。操作时,3 人一组,以基点为起点,甲人将甲竿垂直立于基点,高为 A 点。乙人持乙竿垂直,同时拉直绳索在基点一侧坡地上下移动。第三人看三角板的垂直线指挥,当垂线正好位于三角板顶端时,乙竿所立处即为与 A 点等高的 A_1 点。以此类推,测出 A_2、A_3、A_4、A_5……各点,将各点连接,即为梯面的中心等高线(图 2-6)。

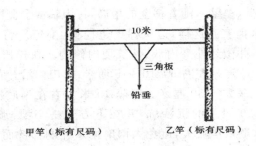

图 2-5 自制双竿水平等高器

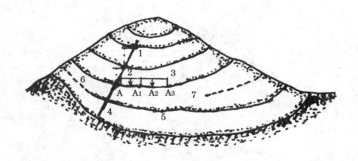

图 2-6 用双竿水平等高器测定基点、等高线示意图

1. 第一个基点　2. 第二个基点　3. 双竿水平等高器
4. 基线　5. 等高线　6. 减线　7. 增线

　　由于坡地的地形及地面坡度大小不一,在同一等高线上的梯面可能宽、窄不一,等高线测定后,必须进行校正。可按照"大弯随弯,小弯取直"的原则,通过增线或减线的方法,进行调整,也就是等高线距离太密时,应舍去过密的线;太宽时又酌情加线。经过校正的等高线就是修筑梯田的中轴线,按照一定距离定下中线桩,并插上竹签。全园等高线测定完成后,即可开始施工修筑梯田。

　　(3)梯田的修筑方法　修筑梯田,一般从山的上部向下修。修筑时,先修梯壁(垒壁),随着梯壁的增高,将中轴线上侧的土填入,逐一层层踩紧捶实。这样,边筑梯壁边挖梯(削壁),将梯田修好后,整平梯面,并做到外高内低、外筑埂内修沟。在梯田外沿修筑边埂,边埂宽 30 厘米左右、高 10~15 厘米;梯田内沿开背沟,背沟宽约 30 厘米、深 20~30 厘米。每隔 10 米左右在沟底挖一宽 30 厘米、深 10~20 厘米的沉沙坑,并在下方筑一小坝,形成"竹节沟",使地表水顺内沟流失,避免大雨时雨水冲刷梯壁而崩塌垮壁(图 2-7)。

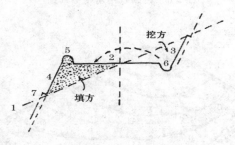

图 2-7 梯田修造示意图
1. 原坡面 2. 梯面(内斜式) 3. 削壁
4. 垒壁 5. 边埂 6. 背沟 7. 壁间

(4)挖壕沟或种植穴 山地、丘陵地采用壕沟式种植,即将种植行挖成深 60~80 厘米、宽 80~100 厘米的壕沟。挖穴时,应以栽植点为中心,画圆挖掘,将挖出的表土和底土分别堆放在定植穴的两侧。最好是秋栽树,夏挖穴;春栽树,秋挖穴。提前挖穴,可使坑内土壤有较长时间的风化,有利于土壤熟化。如果栽植穴内有石块、砾片,则应拣出。种植穴深度一般要求为 60~100 厘米,土质不好的地区,挖大穴有改良土壤的作用。水平梯田定植穴、沟的位置,应在梯面靠外沿 1/3~2/5 处,即在中心线外沿,这是因为内沿土壤熟化程度和光照均不如外沿,而且生产管理的便道均设在内沿。

（5）回填表土与施肥　无论是栽植穴还是栽植壕沟，都必须施足基肥，这就是通常所说的大肥栽植。栽植前，把事先挖出的表土与肥料回填穴（沟）内。回填土通常采用两种方式，一种是将基肥和土拌匀填回穴（沟）内，另一种是将肥和土分层填入。一般每立方米需新鲜有机肥 50～60 千克或干有机肥 30 千克、磷肥 1 千克、石灰 1 千克、枯饼 2～3 千克，或每 667 米² 施优质农家肥 5 000 千克。

2. 挖鱼鳞坑　坡度较大、地形复杂的山坡地，不适合修水平梯田和撩壕时，可以挖鱼鳞坑（图 2-8）进行水土保持，或因一时劳力不足、资金紧缺等原因，不能及时修筑梯田的山坡，可先修鱼鳞坑，以后逐步修筑水平梯田。

图 2-8　鱼鳞坑
1. 等高线　2. 小圆台

（1）定定植点　修筑时，先定基线，测好等高线，其方法与等高梯田相同。在等高线上，根据果树定植的行距来确定定植点。

（2）挖坑　以定植点为中心，从上部取土，修成外高内低半月形的小台面，大小为 2～5 米²，使之一半在中轴线内、一半在中轴线外，台面的外缘用石块或土堆砌，以利保蓄雨水。将各小台面连起来看，好似鱼鳞状排列。

（3）回填表土和有机肥　在筑鱼鳞坑时，要将表土填入定植穴,并施入有机肥料。这样,栽植的果树才能健壮生长。

3. 撩壕 撩壕,是在山坡上,按照等高线挖成的等高沟。把挖出的土在沟的外侧堆成垄,在垄的外坡栽果树,这种方法可以削弱地表径流,使雨水渗入在撩壕内,既保持了水土,又可增加坡的利用面积(图 2-9)。

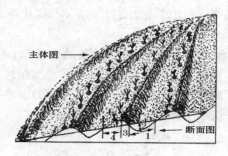

主体图

断面图

4 3 1

图 2-9 撩 壕
1. 壕宽 2. 壕深 3. 壕内坡 4. 壕外坡 5. 壕高

(1)确定等高线 其方法与等高梯田相同。

(2)挖撩壕 撩壕规格伸缩性较大,一般自壕顶到沟心,宽1～1.5 米,沟底距原坡面 25～30 厘米,壕外坡宽 1～1.2 米,壕高(自原坡面至壕顶)25～30 厘米。撩壕工程较小,简单易行,而且坡面土壤的层次及肥沃性破坏不大,保水性好,还增厚了土层,有利于果树生长,适合于坡度较小的缓坡(5°左右)地建园时采用。但撩壕没有平坦的种植面,不方便施肥管理,尤其在坡度过大(超过10°)时,撩壕堆土困难,壕外土壤流失大。因此,撩壕应用范围小,是临时水土保持的措施。

(3)回填表土 把事先挖出的表土与肥料回填于沟内。回填有两种方式,即将基肥与土拌匀填回沟内和基肥与土分层填入。

(二)旱地果园开垦

1.平地果园的开垦 平地包括旱田、平缓旱地、疏林地及荒地。

规模在 10 公顷以上的果园,可采用重型大马力拖拉机进行深犁(30 厘米),重耙 2 次后,与坡度垂直方向定线开行和定坑,根据果树树种确定行株距。如坡度在 5°～10°可按等高线定行,按同坡向 1 公顷或 2～3 公顷为一小区,小区间留 1 米宽的小道,4 个以上的小区间设 3 米宽的作业道与支道相连。果园内设等高防洪、排水、蓄水沟,防洪沟设于果园上方,宽约 100 厘米、深约 60 厘米;排水和蓄水沟深约 30 厘米、宽约 60 厘米。

规模在 10 公顷以下的小果园,由于设在平地或平缓地,应精心开垦和进行集约化栽培管理,在有限的土地面积中夺取最高效益。开垦中尽量采用大马力重型拖拉机进行深耕并重耙 2 次,然后根据地形地势和果树树种按等高或直线确定行株距。地势坡度为 5°～10°,可采用水平梯田开垦,根据果树树种确定行株距;地势坡度在 5°以下,地形完整的经犁耙可按直线开种植畦,畦中开浅排水沟,沟宽约 50 厘米、深约 20 厘米,种植坑直径约 1 米、深 0.8～1 米。如在旱田或地下水位高的旱地建园,必须深沟高畦,以利排水和果树根系正常生长。

2.丘陵果园开垦 在海拔高度为 400 米以下、坡度为 20°以内的丘陵地建果园较为适宜。

(1)兴建 10 公顷以上的果园 坡度在 10°～15°、坡地面积在 5公顷以上、海拔在 200 米以下的丘陵地,可采用 45 匹马力左右履带式或中型机具挖土和推地于一体的多功能拖拉机,先按行距等高定点线推成 2～3 米宽水平梯带,而后再按株距定点挖种植坑(1米见方)。海拔在 200～400 米高、坡高度在 15°～20°、坡地面积在5 公顷以下的丘陵地,先按行距等高定点线推成 1～1.5 米宽水平梯带,而后按株距定点挖成 0.6 米×0.6 米×0.6 米的种植坑。

(2)兴建 10 公顷以下的果园 可根据开垦地海拔高度、坡度、以坡面大小进行等高定行距,先开成水平梯带,然后按株距挖坑;或者根据行距等高线定株距挖坑。种植后力求在 2 年内,结合扩坑压施绿肥、作物秸秆、有机肥改土时逐次修成水平梯带,方便今后作业、水土保持和抗旱。开垦和挖坑应在回坑、施基肥前 2 个月完成,使种植坑壁得到较长时间的风化。

(三)水田及洼地果园开垦

洼地、水稻田地表土肥沃,但土层薄,能否排水、降低地下水位是种植果树成功的关键。因此,在洼地、水稻田建果园应考虑能排能灌,即雨天能排水、天旱时能灌水,可采用深、浅沟相间形式,即每两畦之间挖 1 条深沟蓄水、1 条浅沟为工作行。洼地、水稻田种果树不能挖坑,应在畦上做土墩,可根据地下水位的高低进行整地,确定土墩的高度,必须保证在最高地下水位时,根系活动土壤层至少保持 60~80 厘米。在排水难、地下水位高的园地,土墩的高度最少要有 50 厘米,土墩基部直径 120~130 厘米,墩面宽80~100 厘米,呈馒头形土堆。地下水位较低的园地,土墩可以矮一点,土墩高 30~35 厘米,墩面直径 80~100 厘米,畦的四周要开排水沟,保证排水通畅。墩高确定以后,就可依已定的种植方式和株行距标出种植点,然后筑墩。筑墩时应把表土层的土壤集中起来做墩,并在墩内适当施入有机肥。无论高墩式或低墩式,种植后均应逐年修沟培土,有条件的还应不断客土,以增大根系活动的土壤层,可把畦面整成龟背形,以利于排除畦面积水。

三、果树定植

（一）选择优质苗木

1. 优质壮苗　选择壮苗是砂糖橘早结丰产的基础。壮苗的基本要求：品种纯正，地上部枝条生长健壮、充实，叶片浓绿有光泽。苗高 35 厘米以上，并有 3 个分枝。根系发达，主根长 15 厘米以上，须根多，断根少。无检疫性病虫害和其他病虫害，所栽苗木最好是自己繁育或就近选购的，起苗时尽量少伤根系，起苗后要立即栽植。

2. 营养篓假植苗　营养篓假植苗木与大田苗木直接上山定植相比，具有以下优点：

（1）成活率高　春季定植，多数为不带土定植。由于取苗伤根，特别是从外地长途调运的苗木，往往是根枯叶落，加上瘦土栽植，成活率低，通常只有 70％～80％。而采用营养篓假植苗木移栽，苗木定植后成活率达 98％以上。

（2）成园快　常规建园栽植，由于缺苗严重，不但补栽困难，而且成活苗木往往根系损伤过重，春梢不能及时抽发，影响正常生长，造成苗木大小不一，需要 2～3 年才能成园。而营养篓假植苗木，可充分发挥营养篓中营养土和集中培育管理的作用，使伤根及早得到愈合，春季能正常抽发春梢，不但避免了春栽的缓苗期，同时还减少了缺株补苗过程，可使上山定植苗木生长整齐一致，实现一次定植成园。

（3）投产早　营养篓假植苗，由于营养土供应养分充足，避免了缓苗期，上山栽植当年就能抽生 3～4 次梢，抽梢量大，树冠形成快，投产早。

（4）集中管理　由于营养篓假植苗木相对集中，可以采用塑料薄膜等保温措施,防止苗木受冻;同时,还可以集中防止病虫害。由于营养篓假植苗定植时不伤根,没有缓苗期,因此可以周年上山定植。

(二)合理密植

合理密植是现代化果园发展的方向,可以充分利用光照和土地,使砂糖橘提早结果,提早收益,提高单位面积产量,提早收回投资。提倡密植,但并不是愈密愈好,栽植过密,树冠容易郁闭,果园管理困难,植株容易衰老,经济寿命缩短。通常在地势平坦、土层较厚、土壤肥力较高、气候温暖、管理条件较好的地区,栽植可适当稀些,株行距可采用 2.5 米×3 米的规格,每 667 米^2 栽植 88 株左右。在山地和河滩地,以及肥力较差、干旱少雨的地区栽植可适当密些,株行距为 2 米×3 米,每 667 米^2 栽植 110 株左右。

(三)科学栽植

1. 栽植时期 砂糖橘的栽植时期,应根据其生长特点和当地气候条件确定。一般在新梢老熟后至下一次新梢抽发前,均可以栽植。

(1)大田繁殖苗木的栽植时期 通常分为春季栽植和秋季栽植。春季栽植,以 2 月底至 3 月份进行为宜,此时春梢转绿,气温回升,雨水较多,容易成活,可省去秋植灌水之劳。秋季栽植,通常在 9 月下旬至 10 月份秋梢老熟后进行,这时气温尚高,地温适宜,只要土壤水分充足,栽植苗木根系的伤口就愈合得快,而且还能长出一次新根,有利于翌年春梢的正常抽生。秋季栽植常会遇秋旱,需要有灌溉保证,而且还有可能遭受寒冻,因此秋季栽植可用营养篓(袋)假植。秋植比春植效果好,这是因为秋季时间长,可充分安排劳力,而且当年伤口易于愈合,根系容易恢复,所以秋植苗木成活率高,翌年春苗木长势好。栽植最好选在阴天或阴雨天进行,遇毛毛雨天气可以栽植,但大风大雨不宜栽植。

（2）营养篓假植苗栽植时期　营养篓假植苗通常不受季节限制,随时可以上山定植,但夏秋干旱季节,降雨少、水源不足栽植会影响成活率。所以,最佳移栽时期是春梢老熟后、5月中下旬至6月上中旬。

2. 栽植方法

（1）大田苗木栽植方法　栽植前,解除薄膜,修理根系和枝梢,对受伤的粗根剪口应平滑,并剪去枯枝、病虫枝及生长不充实的秋梢。栽植时,根部应蘸稀薄黄泥浆,泥浆浓度以手沾泥浆不见指纹而见手印为适宜。泥浆中最好加入适量的细碎牛粪,并将 1.8% 复硝酚钠水剂 600 倍液＋70% 甲基硫菌灵可湿性粉剂 500 倍液混合,加入泥浆中搅拌均匀,然后蘸根,以促进生根。注意泥浆不能太浓,否则会引起烂根;复硝酚钠加入太多会引起死苗。种植时,两人操作,将苗木放在栽植穴内扶正,理顺根,让新根群自然斜向伸展,随即填以碎土,一边埋土,一边均匀踩实,并将树苗微微振动上提,以使根、土密接,然后再加土填平。栽植后在树的周围覆盖细土,土不能埋过嫁接口部位,并要做成树盘。树盘做好后,充分灌水,水渗下后,再于其上覆盖一层松土,以利保湿。栽植过程,要真正做到苗正、根舒、土实和水足,并使根不直接接触肥料,防止肥料发酵而烧根。树盘可用稻草、杂草等覆盖。

（2）营养篓苗栽植方法　定植前,先在栽植苗木的位置挖定植穴（穴深与篓等高为宜）,将营养篓苗置于穴中央,去除营养篓塑料袋后,用肥土填于营养篓四周,轻轻踏实,然后培土做成直径 1 米左右的树盘,浇足定植水,栽植深度以根颈露出地面为宜。树盘做好后覆盖稻草,可保湿、防杂草滋生、保持土壤疏松。

（四）栽后管理

砂糖橘苗木定植后如无降雨,在定植后的 3～4 天,每天均要淋水保持土壤湿润。以后视植株缺水情况,每隔 2～3 天淋水 1 次,直至成活。栽植后 7 天,穴土已略下陷可插竹枝支撑固定植株,以防风吹摇动根群,影响成活。若发现卷叶严重,可适当剪去部分枝叶,以提高成活率。一般植后 15 天左右部分植株开始发根,30 天后可施稀薄肥,可用腐熟人粪尿加水 5～6 倍,或 0.5％尿素溶液,或 0.3％三元复合肥溶液浇施,每株浇施 1～2 千克。如果用绿维康液肥 100 倍液浇施,则效果更好,可促使幼树早发根、多发根。以后每月淋水肥 1～2 次,注意淋水肥时不要淋在树叶上,施在离树干 10～20 厘米的树盘上即可。新根未发、叶片未恢复正常生长的植株不宜过早施肥,以免引起肥害,影响成活。

第三章　砂糖橘土壤管理技术

砂糖橘根系生长的土壤环境条件,直接影响其生长发育。通常砂糖橘园是建立在立地条件较差的丘陵山地,因此要获得优质高产,就必须加强土壤管理。可通过多种措施,改善土壤理化性质,提高土壤肥力,为砂糖橘生长创造良好的立地条件和疏松肥沃的根际环境。

一、土壤改良

南方地区多数果园建在丘陵、山地、荒坡上,一般土层瘠薄,有机质少,土壤肥力低。尽管在定植前果园开垦时进行过一定程度的改良,但还不能满足果树正常生长结果和丰产稳产优质的要求。因此,栽植后对果园土壤进一步改良仍是果园管理的基础工作,通过改良使果园土壤达到土层深厚、疏松、肥沃的目标。土壤改良的途径有深翻改土、修整排水沟排水、培土等。

(一)深翻改土

果园深翻改土,可结合深施绿肥、麸饼肥、粪肥等有机肥进行,从而改良土壤结构,改善土壤中肥、水、气、热的状况,提高土壤肥力,促进果树根系生长良好和植株开花结果。深翻方式主要有扩穴深翻、隔行或隔株深翻和全园深翻3种。

1. 扩穴深翻　在幼树栽植后的前2～4年,自定植穴边缘(如果开沟定植的则从定植沟边缘)开始,每年或隔年向外扩穴,穴宽50～80厘米、深60～100厘米,穴长可根据果树的定植距离与果树大小而定,一般为100～200厘米。每次扩穴各挖2个相对方向,隔年按东西或南北向操作,将绿肥、杂草、土杂肥等有机肥分 2～3 层填入坑内,并撒适量的石灰,盖上表土,加入适量的饼肥或腐熟畜禽粪,这样一层层将坑填满,高出地面 5～10 厘米,如此逐年扩大,直到全园翻完一遍为止(图 3-1)。扩穴深翻可结合施绿肥、农家肥(粪肥、厩肥与麸饼肥等)、磷肥及石灰等,每株可施有机肥 30～40 千克、畜粪肥 10～20 千克、石灰和过磷酸钙各 0.5～1 千克及少量硫酸镁、硫酸锌、硼砂作为基肥施入穴中。有条件的地区,采用小型挖掘机挖条沟深翻,可极大提高劳动效率。

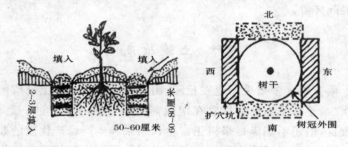

图 3-1　扩穴深翻示意图

2. 隔行深翻　在成年果园,为了保持果园良好的土壤肥力,应每年深翻 1 次,深度 60～80 厘米,长度为株距的一半左右。平地果园可隔一行翻一行,翌年在另外一行深翻;丘陵山地果园,一层梯田一行果树,可隔 2 株深翻 1 个株间的土壤。这种深翻方法,每次深翻只伤及植株半面根系,可避免伤根太多,既改善了土壤肥力,又有利于果树生长结果。

3. 全园深翻　在树盘范围以外,进行全园一次性深翻。这种方法一次翻完,便于机械化施工和平整土壤,但容易伤根过多。多用于幼龄果园。

(二)修整排水沟

水稻田、低洼地及一些地下水位高的平地果园,由于地下水位高,每年雨季土壤湿度大,果树地下水位以下的根系处于水渍状态,造成根系长期处于缺氧状态;而且土壤还产生许多有毒物质,致使果树生长不良,树势衰退,严重的导致死亡。因此,开沟排水,降低地下水位,是这类果园土壤改良的关键。洼地、水田可用深浅沟相间形式,即每两畦之间挖一深沟蓄水、挖一浅沟为工作行。同时,洼地、水稻田果树不能挖坑栽植,应在畦上做土墩栽植。可根据地下水位的高低进行整地,确定土墩的高度,但必须保证在最高地下水位时,根系活动的土壤层至少要有 60～80 厘米。土墩基部直径 120～130 厘米,墩面宽 80～100 厘米,把畦面整成龟背形,以利于排除畦面积水。畦的四周要开排水沟,保证排水畅通。

(三)培　土

果园培土具有增厚土层、保护根系、增加肥力和改良土壤结构的作用。培土方法有 2 种:一是全园培土。即把土块均匀分布在全园,经晾晒打碎,并通过耕作把所培的土与原来的土壤混合。土质黏重的应培含沙质较多的疏松肥土,含沙质多的可培塘泥、河泥等较黏重的肥土。培土厚度要适当,一般以 5～10 厘米为宜。二是树盘内培土。即逐年于树盘处培肥沃的土壤,在增厚土层的同时,降低地下水位,一般在低洼地果园实行。南方地区多在干旱季节来临前、采果后的冬季进行培土。

二、土壤耕作

（一）幼龄树果园

幼龄树果园，由于果树还没有充分长大，果园的空旷地较多，果树吸收肥水能力不强。因此，果园的耕作任务是营造良好的果园环境，促进果树快速生长，尽快投产并进入丰产。

1. 树盘内的精耕细作 树盘是指树冠垂直投影的范围，是根系分布集中的地方。对树盘进行精细管理，有利于果树的迅速生长、提早结果和加快进入丰产期。树盘管理包括以下几项内容。

（1）中耕除草 每年中耕除草 3～5 次，使树盘保持疏松无杂草，以利根系生长。中耕深度以不伤根为原则，一般近树干处浅耕约 10 厘米，向外逐渐加深至 20～25 厘米。中耕除草可结合施肥进行，应在施肥前除干净杂草并疏松土壤。

（2）树盘覆盖 树盘覆盖有保持土壤水分、防冻、稳定表土温度（冬季增加地表温度，夏季降低地表温度）、防止杂草生长、增加土壤肥力和改良土壤结构的作用。覆盖物多用秸秆、稻草等，厚度一般为 10 厘米左右，也可用地膜覆盖。地膜覆盖可防止土壤冲刷、杂草丛生，保持土壤疏松透气，夏季地表温度可降低 10℃～15℃，冬季地表温度可提高 2℃～3℃，具有明显的护根作用。

（3）树盘培土 在有土壤流失的园地，树盘培土可保持水土并避免积水。树盘培土一般在秋末冬初进行，缓坡地可隔 2～3 年培土 1 次，冲刷严重的则 1 年 1 次。培土不可过厚，一般为 5～10 厘米，根外露时可厚些，但不要超过根颈。

2. 行间间种 幼龄树果园，由于树体尚小，行间空地较多，进行合理间作以短养长，可以增加收入，还可以抑制果园杂草生长，改善果园环境，提高土壤肥力，从而增强果树对不良环境的抵抗能力,有利于果树生长。丘陵山坡地果园间种作物,还能起到覆盖作用,以减轻水土流失。

适宜间种的作物种类很多,各地应根据具体情况选择。1～2年生的豆科作物,如花生、大豆、印度豇豆、绿豆、蚕豆等较为适宜,也可种植蔬菜如葱蒜类、叶菜类、茄果类、姜等,还可种植绿肥、牧草如苕子、印度豇豆、猪屎豆、藿香蓟、百喜草等作物。其中,种植藿香蓟能明显减少红蜘蛛对果树的危害。据试验,山地砂糖橘园套种绿肥,并利用绿肥覆盖,效果十分理想,夏季高温季节,地表温度可降低 3℃～5℃,杂草抑制力一般在 55.5%,红蜘蛛发生量比清耕法管理降低 24.3%。连续 4 年套种、覆盖绿肥作物,在土层0～20 厘米和 20～40 厘米范围内,土壤有机质、全氮、速效钾、速效磷等养分含量,分别比清耕法管理增加 0.27%、0.02%、5.95 毫克/千克、2.15 毫克/千克和 0.19%、0.01%、6 毫克/千克、5 毫克/千克,土壤孔隙度分别增加 3.85%、1.2%。值得注意的是间作时,作物、绿肥不可离树盘过近,同时不要间作木薯、甘蔗、玉米等高秆作物、攀援及缠绕作物以及与砂糖橘有共同病虫害的其他柑橘类;否则,会出现间作物丰收,砂糖橘受损,以至造成"以短吃长"的后果。因此,生产中提倡在不损害果树的前提下合理间作。

(二)成年树果园

成年果园,由于果树已经充分生长,树体大,根系发达,吸收肥水的范围不断扩大,果树对养分的总体要求增加。因此,果园管理的主要任务是以提高土壤肥力为主,满足果树生长与结果对水分和养分的需要,土壤耕作主要有以下几种方式。

1. 清耕制　清耕制即是果园内周年不种其他作物,随时中耕除草,使土壤长期保持疏松无杂草状态。同时,冬夏季进行适当深度的耕翻,一般耕深 15～20 厘米。清耕法的优点是土壤疏松,地面清洁,方便肥水管理和防治病虫害。缺点是长期清耕,土壤容易受雨水冲刷,特别是丘陵山地果园冲刷更为严重,养分、水分易流失,导致土壤有机质缺乏,影响果树生长发育。

2. 生草制 生草制即是在果园行间人工种植禾本科、豆科等草种,或自然生草,不翻耕,定期刈割,割下的草就地腐烂或覆盖树盘的一种土壤管理制度。在缺乏有机质、土层较深、水土易流失、邻近水库的果园,生草法是较好的土壤管理方法。生草制有全园生草法与树盘内清耕或干草覆盖的行间生草制 2 种。

生草制可以防止土壤雨水冲刷;增加土壤有机质,改善土壤理化性状,使土壤保持良好的团粒结构;地温变化较小,可以减轻果树地表面根系受害;省工,节约劳力,降低成本。但是长期生草的果园易使表层土板结,影响通气;草与果树争肥争水,影响果树生长发育;杂草是病虫害寄生的场所,草多病虫多,某些病虫害防治较困难。

果园生草对草的种类有一定的要求,生草应为矮秆或匍匐生长,适应性强,耐阴耐践踏,耗水量较少,与砂糖橘无共同的病虫害,还能引诱天敌,生育期较短。果园生草首先要选好草种,最适宜的草种是意大利多花黑麦草,其次是百喜草、藿香蓟、蒲公英、旱稗等草种。此外,适合果园人工种植的草种还有早熟禾、羊胡子草、三叶草、紫花苜蓿、草木樨、扁豆黄芪、绿豆、苕子、猪屎豆、多变小冠花、百脉根等,一般只要不是恶性杂草(茅草、香附子等)均可作为生草法栽培的草类。据实践证明:藿香蓟草种经生草后,不仅是良好的果园覆盖物,又是柑橘红蜘蛛天敌——钝绥螨(捕食螨)的中间寄主,为捕食螨提供交替食物和繁殖场所,使生态环境得到相对平衡,可减少用药。播种量视生草种类而定,如黑麦草、茅草等牧草每 667 米² 用草种 2.5～3 千克,白三叶草、紫花苜蓿等豆科牧草每 667 米² 用种量 1～1.5 千克。

3. 清耕覆草制 在果树需肥水最多的前期保持清耕,后期或雨季覆盖生长作物,覆盖作物生长后期适时翻入土壤作绿肥,这种方法称为清耕覆盖作物法。该土壤管理方法，兼有清耕和生草法的优点，在一定程度上克服了两者的缺点。

4. 免耕制　　主要是利用除草剂除草，不进行土壤耕作，这种方法具有保持土壤自然结构、节省劳力、降低成本等优点。但如果长期免耕，会使土壤有机质含量逐年下降，土壤肥力降低。可在土层深厚、土质好的果园采用，尤其是在湿润多雨的地区，刈草与耕作均有一定困难的情况下应用除草剂除草最为有利。免耕几年后，应改为生草制或清耕覆盖制，过几年后再进行免耕，其效果较好。

第四章　砂糖橘水分管理技术

一、灌　水

砂糖橘是常绿果树,枝梢年生长量大,挂果时期长,对水分要求较高。水分是果实、枝叶、根系细胞原生质的组成部分,是光合作用的原料,可直接参与呼吸作用以及淀粉、蛋白质、脂肪等水解,是无机盐及其他物质的溶剂和各种矿质元素的运输工具。水分还能进行蒸腾作用,调节树体的温度,使砂糖橘适应环境。砂糖橘园土壤水分状况与树体生长发育、果实产量、品质有直接关系,水分充足时,砂糖橘营养生长旺盛,产量高品质优;土壤缺水,砂糖橘新梢生长缓慢或停止,严重时造成落果和减产。但土壤水分过多,尤其是低洼地的砂糖橘园,雨季易出现果园积水,根系缺氧进行无氧呼吸,致使根系受害,并出现黑根烂根现象。因此,加强土壤水分管理,是促进树体健壮生长和高产稳产优质的重要措施。水分管理包括灌水和排水。

(一)灌水时期

在砂糖橘生长季节,当自然降水不能满足生长和结果需要时,必须灌水。正确的灌水时期,不是等树体已从形态上显露出缺水状态(如果实皱缩、叶片卷曲等)时再灌溉,而是要在树体未受到缺水影响以前进行。确定灌水时期的方法:一是测定土壤含水量。常用烘箱烘干法,在主要根系分布的 10～25 厘米土层,红壤土含水量为 18%～21%、沙壤土含水量为 16%～18%时应灌水。二是测量果径。在果实开始发育增大时,即为果实膨大期需灌水。三是土壤成团状况。果园土为壤土或沙壤土,在5~20厘米土层处取土,用力紧握土不成团,轻碰即散,则需要灌水;如果是黏土,就算是可以紧握成团,轻碰即裂,也需要灌水。四是土壤水分张力计应用。现已较普遍使用,安装于果园中,用来指导灌水,一般认为当土壤含水量降低到田间最大持水量的60%、接近萎蔫系数时即应灌水。生产中应关注4个灌溉时期。

1. 高温干旱期　夏秋干旱季节,尤其是7~8月份,温度高、蒸发量大,此期正值果实迅速膨大和秋梢生长期,需要大量水分。缺水会抑制新梢生长,影响果实发育,甚至造成大量落果。所以,7~8月份高温干旱期,是砂糖橘需水的关键时期。

2. 开花期和生理落果期　砂糖橘开花期和生理落果期气温高达30℃以上,或遇干热风时,极易造成大量落花落果,及时对果园进行灌溉,或采取树冠喷水,可起到保花保果的作用,尤其是对防止异常落花落果,效果十分明显。

3. 果实采收后期　果实中含有大量水分,采果后树体因果实带走大量的水分,出现水分亏缺现象,破坏了树体原有的水分平衡状态,再加上天气干旱,极易引起大量落叶。为了迅速恢复树势,减少落叶,可结合施基肥,及时灌采(果)后水,以促使根系吸收和叶片的光合效能,增加树体的养分积累,恢复树势,提高花芽分化质量,为树体安全越冬和翌年丰产打好基础。

4. 寒潮来临前期　一般在12月份至翌年1月份,常常遭受低温侵袭,使砂糖橘园出现冻害,引起大量果实受冻,影响果实品质。为此,在寒潮来临之前,进行果园灌水,对减轻冻害十分有效。

(二)灌水量

砂糖橘需水量受气候条件、土壤含水量等影响较大,一般应根据土质、土壤湿度和砂糖橘根群分布深度决定灌水量。最适宜的灌水量,是在一次灌溉中使砂糖橘根系分布范围内的土壤湿度达到最有利于其生长发育的程度,通常要求砂糖橘根系分布范围内的土壤最大持水量达到 60%～80%,灌水以一次性灌足为好。灌水次数多而量太小,土壤很快干燥,不能满足砂糖橘需水要求,还易引起土壤板结。灌水时,幼龄砂糖橘树每株灌水 25～50 升;灌水次数适当增加;成年砂糖橘树每株灌水 100～150 升,水分达到土层深 40 厘米左右,以利保持土壤湿润。灌水后,若在 7～8 月份高温季节未遇雨时,需隔 10～15 天再灌 1 次水。灌溉后,适时浅耕,切断土壤毛细管,或进行树盘覆盖,可减少土壤水分蒸发,提高防旱蓄水效果。

(三)灌水方法

山地果园灌溉水源多依赖修筑水库、水塘拦蓄山水,也可利用地下井水或江河水,引水上山进行灌溉。合理灌溉,必须符合节约用水原则,充分发挥水的效能,同时还要减少对土壤的冲刷。常用的灌溉方法有沟灌、浇灌、蓄水灌溉、喷灌和滴灌。

1. 沟灌 平地砂糖橘园,在行间挖深 20～25 厘米的灌溉沟,使之与输水道垂直,并稍有比降,实行自流灌溉,灌溉水由沟底、沟壁渗入土中。山地梯田可以利用台后沟(背沟)引水至株间灌溉。山地砂糖橘园因地势不平坦,灌溉之前可在树冠滴水线外缘开环状沟,并在外沟缘围筑一小土埂,逐株将水引入沟内或树盘中,灌水完毕,将土填平。此法用水经济,全园土壤浸湿均匀,但应注意灌水切勿过量。

2. 浇灌 在水源不足或幼龄砂糖橘树零星分布种植的地区,可采用人力排水或动力引水皮管浇灌,一般在树冠下的地面开环状沟、穴沟或盘沟进行浇水。这种方法费工费时,为了提高抗旱效果,可结合施肥进行,在每 50 升水中加入 4～5 千克人粪尿或 0.1～0.15 千克尿素,浇灌后立即进行覆土。该法简单易行,目前在生产中应用极为普遍。

3. 蓄水灌溉　在果园内挖蓄水池,降雨时集中雨水到池内,以备干旱时解决水源不足。水池规格为长 3.5 米、宽 2.5 米、深 1.2 米,池内表面用水泥或混凝土抹平,以防渗水。每个水池可蓄水 10 米^3,每 1 200～1 800 米^2 果园修筑 1 个水池,可基本解决 1 次灌溉的需水量。同时,还可利用池水配制农药,节约挑水用工。

4. 喷灌　喷灌是利用水泵、管道系统及喷头等机械设备,在一定的压力下将水喷到空中分散成细小水滴灌溉植株的一种方法。其优点是减少径流、省工省水、改善果园的小气候、减少对土壤结构的破坏、保持水土、防止返盐、不受地域限制等,但其投资较大,实际应用有些困难。

5. 滴灌　滴灌又称滴水灌溉,是将有一定压力的水,通过一系列管道和特制毛细管滴头,将水呈滴状渗入果树根系范围的土层,使土壤保持砂糖橘生长最适宜的水分条件。其优点是省水省工,可有效地防止表面蒸发和深层渗透,不破坏土壤结构,增产效果好。滴灌不受地形限制,更适合于水源紧缺、地势起伏的山地砂糖橘园。滴灌与施肥相结合,可提高工效,节省肥料。但滴灌的管道和滴头易被堵塞。

二、排　水

土壤水分过多,尤其是位于低洼地的砂糖橘园,雨季易造成园地积水,致使土壤通气不良,缺乏氧气,从而抑制根系的生长和吸收功能,形成土中虽有水,根系却不能吸收的生理干旱现象。土壤积水造成根部缺氧,使根系不能进行正常的呼吸作用,无氧呼吸产生硫化氢、甲烷等有毒物质,积水时间过长,致使根系受害,并出现黑根烂根现象,甚至部分根系会窒息死亡。所以,雨季排水,确保园地不积水,对砂糖橘的健壮生长高产优质至关重要。砂糖橘排水可以在园内开排水沟,将水排出;也可在园内地下安设管道,将土壤中多余的水分由管道中排除,即明沟排水和暗沟排水。生产中多采用明沟排水。

三、旱灾及水涝预防

(一)旱灾及预防

由于土壤缺水或空气湿度过低对砂糖橘造成的伤害,称旱害。轻微的干旱可使树体内发生不利的生理生化变化,引起光合效率降低,生长减缓,老叶提早死亡,但不至于引起树体死亡。严重而持续的干旱,则会导致树体的死亡。

1. 旱害原因 砂糖橘树体在干旱缺水时,细胞壁与原生质同时收缩,由于细胞壁弹性有限,收缩的程度比原生质小,在细胞壁停止收缩时,原生质仍继续收缩,导致原生质被撕裂。吸水时,由于细胞壁吸水膨胀速度大于原生质,两者不协调的膨胀,又可将紧贴在细胞壁上的原生质扯破。这种缺水和吸水造成的原生质损伤,均可导致细胞死亡,造成砂糖橘树体伤害。

2. 防旱措施

(1)提高树体抗旱能力 加强栽培管理,尤其是肥水管理,对增强树体的抗旱性非常重要。在施壮果攻秋梢肥时,适当控制氮肥的用量,增加磷、钾肥的比例,可促进蛋白质的合成,有利秋梢老熟,并可防止晚秋梢的发生。同时,可增加同化产物的积累,提高细胞液的浓度,增强砂糖橘树体的抗旱能力。

(2)深翻改土 结合幼龄砂糖橘园深翻扩穴及成年砂糖橘园施春肥、壮果攻秋梢肥时进行深翻改土。方法是在原定植穴外侧树冠滴水线下挖深、宽各 50~60 厘米、长 1.2 米以上的条沟,要求不留隔墙,并以见根见肥为度。每株施粗有机肥 15~20 千克、饼肥 3~6 千克、磷肥 1 千克、钾肥 1 千克、石灰 1 千克,将肥料与表土拌匀后分层施入。要求粗肥在下,精肥在上,土肥拌匀,施肥盖土高出地面 15～20 厘米。通过深翻果园土壤,增施草料、腐熟农家肥、生物有机肥等,增加土壤有机质,提高土壤肥力;通过改良土壤结构,提高土壤蓄水性能,培养砂糖橘发达的根系群,增强树体耐旱抗旱和抗逆能力。

(3)生草栽培　春夏季(3～5 月份)在果园内行间播种绿肥,如百喜草、藿香蓟、大豆、印度豇豆等,进行生草栽培,培养果园内自然良性杂草,切忌中耕除草。改传统除草为生草栽培,割草覆盖,当杂草长至 50～60 厘米高时,可人工刈割铺于地面或树盘,每年可刈割 1～2 次,树盘盖草厚 10～15 厘米。进行深翻改土时将覆盖草料埋入深层土壤,翌年重新刈割杂草覆盖地面或树盘。通过园地生草造就果园小气候,稳定园内墒情,保持土壤水分,降低土壤地表温度,可起到降温、保湿、防旱的作用,达到"以园养园"的效果。

(4)树盘覆盖　高温干旱季节,利用园内自然良性杂草、播种的绿肥、地膜及作物秸秆,覆盖树盘土壤,以减少土壤水分蒸发,降低土壤地表温度,达到降温保湿的目的。覆盖时间一般为施完壮果攻秋梢肥后、伏秋干旱来临前,即 6 月底至 7 月下旬进行,覆盖厚度为 15 厘米左右,覆盖后适当压些泥土。注意覆盖物应离果树根颈 10～15 厘米远,以免覆盖物发热灼伤根颈。夏季土壤覆草后,地面水分蒸发量可减少 60% 左右,土壤相对湿度提高 3%～4%,地面温度降低 6℃～15℃。对未封行的幼龄砂糖橘园采用树盘覆盖后,节水抗旱效果显著。

(5)土壤灌水　当高温干旱持续 10 天以上时,应利用现有水利资源,对树盘土壤进行灌水,达到降温保湿的目的。灌水应在上午 10 时 30 分前和下午 4 时以后进行。为防止砂糖橘裂果,第一次灌水时切忌一次性灌透灌足,尤其是长期干旱的果园,应采取分批次递增法灌水,即灌水量逐次增加,分 2～3 次灌透水。有条件的果园每隔 7~10 天灌足水 1 次,直至度过高温干旱期。实践证明,土壤灌水后进行树盘覆盖,节水抗旱效果更佳。

(二)涝灾及预防

土壤水分过多对砂糖橘造成的伤害称涝害。轻微的积水,树体生长受到抑制,叶片发黄,根系不发达。严重积水时,尤其是在淹水时间过长,则会造成树体死亡。

1. 涝害原因　涝害主要是致使砂糖橘生长在缺氧的环境中,抑制有氧呼吸,促进无氧呼吸,有机物的合成受抑制,而且无氧呼吸累积有毒物质会使根系中毒。涝害还会引起砂糖橘营养失调,这是由于土壤缺氧降低了根对水分和矿质离子的主动吸收。同时,缺氧还会降低土壤氧化还原电势,使土壤累积一些对砂糖橘根系有毒害的还原性物质,如硫化氢、Fe^{2+}、Mn^{2+},使根部中毒变黑,进一步减弱根系的吸收功能。此外,淹水还抑制有益微生物,如硝化细菌、氨化细菌的活动;促使嫌气性细菌,如反硝化细菌和丁酸细菌的活性,提高土壤酸度,不利于根部生长和吸收矿质营养。涝害还会使细胞分裂素和赤霉素的合成受阻,乙烯释放增多,以至加速叶片衰老。

2. 防涝措施

(1)正确选择园地　在常发生涝害的地区,应针对涝害发生的原因,选择最大洪水水位之上的区域建立砂糖橘园。地下水位较高的区域,则应采用深沟高墩式栽培,避免或减轻涝害。

(2)及时清沟排水　因地下水位高,极易造成涝害的果园,尤其是在大雨过后,砂糖橘遭受洪涝灾害时,要及时疏通沟渠,清理沟中障碍物,排除积水。同时,尽可能地洗去积留在树枝上的泥土杂物。若洪水不能自行排出,要及时用人工或机械进行排除,以减轻涝害造成的损失。

(3)及时耕翻　受涝害的砂糖橘园,在水退时应迅速清除园内杂物,利用洪水泼洗被污染的枝叶,清去泥渍;果园水退净后,对冲倒的植株进行培土扶正护根,清沟排除积水。在排除积水后,待土壤干爽时进行松土浅翻,让根部恢复通气,解决淹水后土壤板结、毛细管堵塞的问题,以利土壤水分蒸发。但翻土不宜过深,以免伤根过多。15天后淋施含有生根粉的腐熟有机液肥,以促进根系生长。

(4)叶面喷施有机营养液　受淹的砂糖橘园,土壤养分流失多,肥力下降,土壤结构变差。再加上受淹砂糖橘树的根系受损,吸收能力减弱,土壤不宜立即施肥。可叶面喷施 0.3% 尿素＋0.2% 磷酸二氢钾混合液,或喷施有机液体肥料,如农人液肥,施用浓度为 800 倍液。如果在叶面肥中加入 0.04 毫克/千克芸薹素内酯溶液,可增强根系活力,补充树体营养,效果更好。此外,也可树冠喷施有机营养液,如叶霸、绿丰素、氨基酸、倍力钙等。待根系吸收能力恢复后,可浇施腐熟有机液肥,诱发新根。

(5)枝干涂白　砂糖橘园受涝后,对落叶严重的砂糖橘树,可用刷白剂进行树干涂白,避免主干、主枝暴露在强烈阳光下而发生日灼。刷白剂可用生石灰 15~20 千克、食盐 0.25 千克、石硫合剂渣液 1 千克加水 50 升配制而成。

(6)疏果修枝　受淹的砂糖橘幼树,尤其是被洪水冲倒或露根的植株,应采取疏枝回缩修剪。生长势差、树脂病严重的砂糖橘树,要及时地进行疏果,以减少树体负载量。同时,对受淹落叶严重的砂糖橘树,要剪除丛生枝、交叉枝和衰弱枝,以减少树体养分消耗,促使树体恢复。

第五章　砂糖橘施肥技术

一、土壤施肥

土壤施肥既要利于根系尽快吸收肥料,又要防止根系遭受肥害。因此,施肥应做到因时、因树、因肥制宜,坚持根浅浅施、根深深施、春夏浅施、秋冬深施;无机氮浅施,磷肥、钾肥、有机肥深施;秋冬施肥结合深翻扩穴改土、压埋绿肥;磷肥易被土壤固定,与腐熟有机肥混合深施效果好。

(一)肥料种类及特点

1. 有机肥料　有机肥也叫农家肥料,包括人粪尿、牲畜厩肥(马粪、牛粪、羊粪、猪粪、鸡粪等)、堆肥、饼肥、草木灰、作物秸秆及绿肥等,通常作基肥,也可与适量的无机速效氮肥混合施用,是绿色食品生产的主要用肥。其特点是营养丰富、肥效长,可逐渐供给果树生长所需的大量元素和微量元素。同时,还可改良土壤理化性状,促使土壤团粒结构形成,有利于果树生长。

(1)人、畜粪尿　人粪尿含氮量高,为半速效性肥料,沤制后可变成速效肥,作追肥和基肥均可。畜粪富含磷素,其中猪粪的氮、磷、钾含量比较均衡,分解较慢,是迟效肥料,宜作基肥用。羊粪含钾量大,对生产优质砂糖橘果有利。鸡粪的肥分最高,且与复合肥的成分近似,既是优质基肥,也可以作追肥施用。

(2)厩肥　厩肥是由猪、牛、马、鸡、鸭等畜禽的粪、尿和垫栏土或草沤制而成,含有机质较多,但肥效较慢,一般用作基肥。

(3)堆肥　堆肥,是以秸秆、杂草、落叶、垃圾和其他有机废物为原料,通过堆沤,利用微生物的活动,使之腐烂分解而成的有机肥。含有机质多,但肥效较慢,属迟效性肥料,只能作基肥用。

(4)饼肥　饼肥,是各种含油分较多的种子,经压榨去油后的残渣制成的肥料,如菜籽饼、豆饼、花生饼、桐籽饼等。饼肥经过堆沤,可以作基肥或追肥。施用饼肥,可促进砂糖橘生长,对果实品质的提高具有明显的作用。

(5)绿肥　绿肥是植物嫩绿秸秆就地翻压或经沤制、发酵形成的肥料。在肥源不足的情况下,可以充分利用绿肥,如在砂糖橘行间、空闲地里种植毛叶苕子、肥田萝卜、绿豆、豌豆等绿肥作物,待绿肥作物进入花期,刈割或拔除掩埋于土中。绿肥富含有机质,养分完全,不仅肥效高,还可改良土壤理化性质,促进土壤团粒结构的形成,提高土壤肥力,增强土壤的保水、保肥能力。绿肥可直接翻压、开沟掩青,也可经过堆沤后再施入土壤。

2. 无机肥料　无机肥料多数为化学合成肥料,农民称其为化肥。化肥具有养分含量高、肥效快等优点;但也有养分单纯,不含有机物、肥效短等缺点。有些化肥长期单独施用,会使土壤板结、土质变坏。故生产中应将无机肥与有机肥配合施用。

(1)氮肥　含有氮化物的无机肥即为氮肥,其含氮量高,肥效快,多作追肥,如尿素、硫酸铵、碳酸氢铵等。

(2)磷肥　可供给植物磷素的肥料。施用磷肥有利于砂糖橘开花和坐果,如过磷酸钙、钙镁磷肥、骨粉等。

(3)钾肥　可供给植物钾素的肥料。钾肥多作砂糖橘壮果肥施用,如硫酸钾、硝酸钾等。

(4)复合肥料　含有2种以上营养元素的肥料。复合肥料有用化学方法制成的化合物和用机械混合方法得到的混合物,如磷酸二氢钾、氮磷钾复合肥等。

(5)微量元素肥料　能够供给植物多种微量元素的肥料。其用量虽然很少,但对砂糖橘的生长是不可缺少的,而且每种元素的作用又都不能被其他元素所代替。如果土壤中某种元素供应不足,砂糖橘就会出现相应的缺素症状,产量降低,品质下降。如栽种在红壤土地上的砂糖橘树,普遍存在着不同程度的缺锌,严重时,树势衰弱,落叶落果,果实偏小。因此,合理施用微肥是获得高产优质的重要措施。

(二)施肥时期

1. 基肥 基肥是在生长季之前施入的肥料,为砂糖橘全年生长的主要肥料,以迟效性有机肥为主,如厩肥、堆肥、枯饼、绿肥、杂草、垃圾、塘泥、滤泥等,施入土壤后需经土壤微生物分解成小分子营养成分,才会被作物所吸收利用。结合深翻改土施基肥,可以补充土壤有机质。为尽快发挥肥效,施基肥时也可混施部分速效氮素化肥和磷肥等。结合基肥施入少量石灰,可调节土壤酸碱度。基肥要掌握好施用时期,秋施基肥比春施好,早秋施肥比晚秋施或冬施好。这是因为此期砂糖橘经过开花和结果,耗去大量养分,正值需要恢复树势和积累养分阶段;又是根系生长高峰,施肥改土挖断的根系容易愈合,并易长出新根。同时,基肥秋施,肥料腐烂分解时间长,矿质化程度高,施肥当年即可被根系吸收并储备在树体内,翌年春可及时为果树吸收利用,对满足果树翌年萌芽、开花、坐果和生长均具有重要意义。另外,基肥秋施还可以提高地温,减少根系冻害。

2. 追肥 追肥又称补肥,是在砂糖橘树体生长期间,为弥补基肥的不足而临时补充的肥料。追肥以速效性无机肥为主(如尿素等),施入土壤后,易被植物吸收,可及时补充砂糖橘当年生长的需要,保证树体生长健壮,花芽分化良好,为翌年生长结果打下基础。追肥的时期与次数,应结合当地土壤条件、树龄树势及树体挂果量而定。一般肥沃的壤土可少施,沙质土壤宜少施勤施;幼龄树、旺树施肥次数比成年树少;挂果多的树可多次追肥;结果少或不结果的树,可少施或不施。砂糖橘追肥分以下几个时期。

(1)促芽肥　春季砂糖橘大量开花,加上枝梢生长,消耗养分大,上年树体内虽然积累了一定的营养,但由于早春土壤温度低,根系吸收养分的能力弱,仍不能满足需要,养分供需矛盾比较突出。为此,在2月上中旬给较弱树和多花树适量追施速效性肥料即促芽肥,既可明显提高坐果率,又能促进枝叶生长,尽早进入功能期,增强光合能力。但如果树势较旺,或花芽量少,则花前不宜追肥;否则,会因枝梢旺长而造成大量落果。这次追肥应以氮、磷、钾肥配合,而适当多施氮肥。

(2)稳果肥　稳果肥施用期正值砂糖橘生理落果和夏梢抽发期,施肥的主要目的在于提高坐果率,控制夏梢大量发生。另外,由于开花消耗了大量养分,如果营养不足,易造成大量生理落果。因此,在谢花时施肥有稳果的作用,即在4月下旬至5月上中旬适量追施速效性氮肥,并配合磷、钾肥,补充砂糖橘对营养物质的消耗,可减少生理落果,促进幼果迅速膨大。需要注意的是氮肥的施用不要过量,以免促发大量的夏梢而加重生理落果。

(3)壮果促梢肥　7～9月份是果实迅速膨大期,又是秋梢萌发、生长期,此期肥水条件既决定着当年的产量,也关系到秋梢的数量和质量,而秋梢又是翌年良好的结果母枝,对翌年产量至关重要。为了确保果实增大及秋梢的质量,应在7月上旬施壮果促梢肥,可结合抗旱灌水,适量施用速效性氮肥,加大磷、钾肥的比例,有利于促进果实迅速膨大,提高产量,并可促使秋梢老熟和花芽分化;而且此期气温、地温均较高,正值根系生长高峰期,发根量多,根系吸收能力强,是砂糖橘施肥的一个重要时期。

(4)采果肥　砂糖橘经过1年的生长、开花、结果,消耗了大量养分。果实采收后应及时施采果肥,以速效性氮肥为主,配合磷、钾肥。采果肥用于补偿由于大量结果而引起的营养物质亏空,尤其是消耗养分较多的衰弱树,对恢复树势、增加树体养分积累、提高树体的越冬性、防止落叶、促进花芽分化和提高翌年的产量均极为重要。

幼龄砂糖橘施肥的目的在于促进枝梢的速生快长,迅速扩大形成树冠,为早结果、稳产丰产打基础。所以,幼龄树施肥应以氮肥为主,配合磷、钾肥,可在生长期内勤施薄施,促使树体迅速生长,形成丰产树冠。

(三)施肥量

施肥量要根据树龄、树势、结果量、土壤肥力等综合考虑。一般幼龄旺树结果少,土壤肥力高的可少施肥;大树弱树、结果多及肥力差的山地、荒滩要多施肥;沙地保水保肥力差,施肥时要少量多次,以免肥水流失过多。理论施肥量可按砂糖橘各器官对营养元素的吸收量减去土壤中原有的营养元素含量,再除以肥料的利用率,计算公式:

$$施肥量 = \frac{砂糖橘吸收肥料元素量 - 土壤供给量}{肥料利用率}$$

其中:吸收量由 1 年中新梢、新叶、枝干及花量等总生成量中含有的营养成分算出;土壤供给量,氮约为吸收量的 1/3,磷、钾为吸收量的 1/2;肥料利用率,氮约为 50%,磷约为 30%,钾约为 40%。采用上述方法计算施肥量,需要做许多方面的试验与测定,在实际生产中实行有一定的困难。根据生产实践经验,砂糖橘应实行以下施肥量:

1. 幼龄树 1~3 年生砂糖橘幼树的施肥量应为:基肥以有机肥为主,配合磷、钾肥,可株施绿肥青草 30~40 千克、猪栏粪 50 千克、磷肥 1.5 千克、三元复合肥 1 千克、饼肥 0.5~1 千克、石灰 0.5~1 千克。由于幼龄树根系不发达,吸水吸肥能力较弱,追肥以浇水肥为主,便于吸收。一般坚持"一梢两肥",每抽 1 次新梢施 2 次肥,即在春梢、夏梢、秋梢期分别施 1 次促梢肥和壮梢肥。促梢肥在梢萌发前 1 周施用,以氮肥为主,促使新梢萌发整齐、粗壮,可株施尿素 0.15～0.25 千克、三元复合肥 0.25 千克。壮梢肥在新梢自剪时施用,以磷、钾肥为主,促进新梢加粗生长,加速老熟,可株施三元复合肥 0.15～0.2 千克。幼龄果园砂糖橘施肥应避免肥害,生产中应注意以下问题:一是饼肥堆沤。花生麸饼用粪池沤制需要 50～60 天、黄豆饼需要 80～90 天才能充分腐熟,堆沤时加入一些猪、牛栏粪及过磷酸钙,可加快腐熟。充分腐熟的麸饼液肥乌黑色,无白色渣粒,搅动无酸臭刺鼻气味,气泡少。二是施用化肥量过多易引起肥害,致使根系和枝叶脱水,严重时根发黑死亡,枝叶焦枯脱落,甚至整株死亡。施用化肥须少量、均匀,土壤湿润时,每平方米可撒施尿素 50 克左右;土壤湿度不大时,应尽量对水淋施或溶于粪水中施用。

2. 成年树　成年砂糖橘树,基肥占全年施肥量的 60%～70%,以有机肥为主,配合磷、钾肥,可株施猪、牛栏粪 50 千克、饼肥 2.5～4 千克、三元复合肥 1～1.5 千克、硫酸钾 0.5 千克、钙镁磷肥和石灰各 1～1.5 千克,结合扩穴改土施入。追肥占全年施肥量的 30%～40%,分促芽肥、穗果肥、壮果肥。促芽肥用量占全年施肥总量的 10%,一般在春芽萌发前 2 周施用,以壮梢促花,延长老叶寿命,提高坐果率。常以速效氮肥为主,配以适量磷、钾肥。如遇春旱,与灌水相结合,才能更好发挥肥效。果肥用量占全年施肥总量的 10%,一般在第一次生理落果结束至第二次生理落果之前施用,以速效性氮、磷肥为主,配以适量钾肥。此期砂糖橘幼果正处于细胞分裂旺盛期,也是根系第一次生长高峰期,若营养跟不上就会发生异常生理落果,壮果肥施肥量约占全年施肥总量的 20%,此期为果实迅速膨大期,也是夏梢充实和秋梢抽出期,一般在秋梢抽发前 7～14 天施用,以氮肥为主,适当配合磷、钾肥。砂糖橘成年树施肥量以经济产量作为计算依据,通常为 50 千克经济产量需要纯氮约 0.5 千克、磷(P_2O_5)0.15～0.2 千克、钾(K_2O)约

0.6 千克。综合上述的分析和计算,即可得出各时期的施肥量如下。基肥:每株鸡粪 10 千克或鸽粪 2.5 千克、花生麸或猪粪 25 千克、过磷酸钙 0.35 千克、硫酸钾 0.3 千克。促芽肥:每株尿素 0.25 千克、过磷酸钙 0.25 千克、硫酸钾 0.25 千克。稳果肥:每株尿素 0.16 千克、过磷酸钙 0.2 千克、硫酸钾 0.18 千克。壮果肥:每株尿素 0.35 千克、过磷酸钙 0.15 千克、硫酸钾 0.35 千克。值得注意的是,砂糖橘对氯元素的耐受程度为中等,因此施肥时应尽量用硫酸钾,而不用氯化钾,以免引起氯中毒。此外,肥料的种类较多,如施用复合肥,则要根据实际商品肥的纯素含量计算;对于中量元素如钙、镁、硫、锌也是植株不可缺少的必需元素,需要根据各地的土壤情况,进行适量补充。在改土施肥时,适量施用石灰,可增加土壤中钙的含量。在砂糖橘枝梢生长期、花果期应适当施用硫酸锌、硼砂、硫酸镁肥。

(四)施肥方法

施肥方法对提高肥效和肥料利用率,有十分重要的作用。施肥方法不当,不仅浪费肥料,甚至会伤害树体,造成减产。土壤施肥(根际施肥)是补充无机营养的重要手段,砂糖橘根系分布特点是制定土壤施肥方法的重要依据。一般情况下,砂糖橘水平根在树冠垂直投影下向内距树干一半左右处最多;垂直根在土层 50 厘米以内,而以 10~30 厘米处最为集中。土壤施肥应尽可能把肥料施在根系集中的地方,以充分发挥肥效。根据砂糖橘根系分布特点,追肥可施用在根系分布层的范围内,使肥料随着灌溉水或雨水下渗到中下层而无流失为目标。基肥应深施,以引导根系向深广方向发展,形成发达的根系。氮肥在土壤中移动性较强,可浅施;磷、钾肥移动性差,宜深施至根系分布最多处。砂糖橘土壤施肥方法有沟施、穴施、撒施等。

1. 环状沟施肥 在树冠投影外围挖宽 50 厘米、深 40~60 厘米的环状沟,将肥料施入沟内,然后覆土(图 5-1)。挖沟时,要避免伤大根,并逐年向外移。此法简单,但施肥面较小,只局限沟内,适合幼龄树使用。

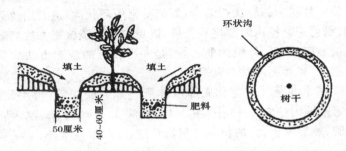

图 5-1　环状沟施肥

2. 条状沟施肥　在树冠外围相对方向挖宽 50 厘米、深 40～60 厘米的由树冠大小而定的条沟。每年东西、南北向变换 1 次,轮换施肥(图 5-2)。这种方法在肥源、劳力不足的情况下,生产上使用比较广泛。缺点是肥料集中面积小,果树根系吸收养分受到局限。

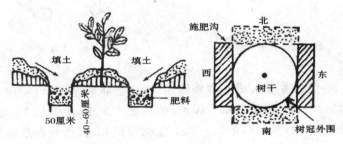

图 5-2　条状沟施肥

3. 放射沟施肥　以树干为中心,在距树干 1 米处向外挖 4～8

。

条放射形沟(图 5-3),沟宽约 30 厘米,沟里端浅外端深,里端深约 30 厘米,外端深 50～60 厘米,长短以超出树冠边缘为止,施肥于沟中。隔年或隔次更换沟的位置,以增加砂糖橘根系的吸收面。此法若与环状沟施肥法相结合,如施基肥用环状沟,追肥用放射状沟,效果更好。挖沟时要避开大根,以免伤根。该施肥方法肥料与根系接触面大,里、外根均能吸收,是一种较好的施肥方法。但在劳力紧缺、肥源不足时不宜采用。

4. **穴状施肥** 追施化肥和液体肥料如人粪尿等,可用此法。在树冠范围内挖穴 4～6 个(图 5-4),穴深 30～40 厘米,倒入肥液或化肥,然后覆土,穴的位置每年错开挖,以利根系生长。

图 5-3 放射沟施肥

图 5-4 穴状施肥

5. **全园撒施** 成年砂糖橘园,根系已布满全园,可采用全园施肥法,即将肥料均匀撒于园内,然后翻入土中,深度约 20 厘米,一般结合秋耕或春耕进行。此法施肥面积大,大部分根系能吸收到养分。但施肥过浅,不能满足下层根的需求,常导致根系上浮,降低根系固地性;雨季还会使肥效流失,山坡地和沙土地更为严重。此法若与放射沟施肥隔年更换进行,互补不足,可发挥肥料的最大效用。

6. 灌溉施肥 将各种肥料溶于灌溉水中，通过灌溉系统进行施肥，具有节约用水用肥、肥效高、不伤根叶、有利于土壤团粒结构保持等特点，如喷灌施肥可节省用肥 11%～29%。灌溉施肥，肥料为根系容易吸收的形态，直接浇于树盘内，能很快被根系吸收利用，比土壤干施肥肥料利用率高。同时，灌溉施肥通过管道把液肥输送到树盘，采用滴灌技术把肥施入土壤，减少劳力，可节约果园的施肥成本。滴灌施肥的推荐浓度：0.5% 三元复合肥液、10% 稀薄腐熟饼肥液或沼液、0.3% 尿素液等。

二、叶面施肥

叶面施肥又称根外追肥，是把营养元素配成一定浓度的溶液，喷施到叶片、嫩枝及果实上，喷施后 15～20 分钟即可被吸收利用。这种施肥方法简单易行，用肥量少，肥料利用率高，发挥肥效快，而且可避免某些元素在土壤中的化学或生物固定作用。砂糖橘保花保果、微量元素缺乏症矫治、根系生长不良引起叶色褪绿、结果太多导致暂时脱肥、树势太弱等，均可以采用根外追肥，补充根系吸肥的不足，满足砂糖橘在不同生育期对养分的需要。但根外追肥不能代替土壤施肥，两者各具特点，互为补充。

(一)叶面施肥注意事项

砂糖橘叶面吸收养分主要是养分在水溶液状态下，渗透进入组织，所以喷施浓度不宜过高，尤其是生长前期枝叶幼嫩，应施用较低的浓度；后期枝叶老熟，浓度可适当加大。喷施次数不宜过多，如尿素施用浓度为 0.2%～0.4%，若连续施用次数较多，因尿素中含有缩二脲会引起中毒，使叶尖变黄，反而有害于果树。叶面喷肥应选择阴天或晴天无风上午 10 时前或下午 4 时后进行，喷施应细致周到，注意喷施叶背面，做到喷雾均匀。喷后若下雨，效果差或无效应补喷,一般喷至叶片开始滴水珠为度。喷布浓度严格按要求进行,不可超量,尤其是晴天更应引起重视;否则,由于高温干燥水分蒸发太快,浓度很快增高,容易发生肥害。为了节省劳力,在不产生药害的情况下,根外追肥可与农药或植物生长调节剂混用,这样可起到保花保果、施肥和防治病虫害的多种作用。但各种药、肥混用时,应注意合理搭配。根外追肥常用肥料的适宜浓度如表5-1所示。

表 5-1　根外追肥常用肥料的适宜浓度

肥料种类	浓度(%)	喷施时期	喷施效果
尿　素	0.1～0.3	萌芽、展叶、开花至采果	提高坐果率,促进生长
硫酸铵	0.2～0.3	萌芽、展叶、开花至采果	提高坐果率,促进生长
过磷酸钙	1～2	新梢停长至花芽分化	促进花芽分化
硫酸钾	0.3～0.5	生理落果至采果前	果实增大,品质提高
硝酸钾	0.3～0.5	生理落果至采果前	果实增大,品质提高
草木灰	2～3	生理落果至采果前	果实增大,品质提高
磷酸二氢钾	0.1～0.3	生理落果至采果前	果实增大,品质提高
硼砂、硼酸	0.1～0.2	发芽后至开花前	提高坐果率
硫酸锌	0.1	萌芽前、开花期	防治小叶病
柠檬酸铁	0.05～0.1	生长季	防缺铁黄叶病
硫酸锰	0.05～0.1	春梢萌发前后和始花期	提高产量,促进生长
钼　肥	0.1～0.2	花蕾期、膨果期	增产

(二)叶面施肥方法

砂糖橘新梢生长期间可喷施0.3%～0.5%尿素溶液与0.2%磷酸二氢钾溶液,促进枝梢生长充实;花期可喷施0.2%硼砂溶液与0.3%尿素溶液,促进花粉发芽和花粉管伸长,并有利于授粉受精;谢花后,喷施0.5%尿素溶液与0.2%磷酸二氢钾溶液,可减少落果;7～9月份,果实迅速膨大期,喷施0.3%磷酸二氢钾溶液,有壮大果实、促进秋梢萌发的作用。9~11 月份,喷施 0.3%尿素溶液与 0.2%磷酸二氢钾溶液,可促进花芽分化和提高果实品质。

三、砂糖橘营养诊断及营养失调的矫正

(一)叶片分析营养诊断

叶片是砂糖橘的主要营养器官,其养分含量反映了树体的营养状况。在树体内,各种营养元素都有一定的适量范围,缺乏或过量均会引起树体生长不平衡,会在枝、叶、果表现出不同症状,生产中可凭经验采用目测法鉴别,以便及时纠正缺素症。另外,还可根据叶片分析进行测定,也就是应用化学分析或其他方法,把叶片中各种元素的含量及其变化测定出来。然后再根据土壤养分测定,判断砂糖橘树体内各种营养元素的需求余缺情况及其相互关系,可作为指导施肥的依据。柑橘营养诊断指标目前在国内尚无统一标准,现将美国 R·C·J·Koo 等"柑橘叶片营养诊断标准"介绍如下(表 5-2),仅供参考。

表 5-2　柑橘叶片营养诊断标准

营养元素	占干物质总量的比例				
	缺　乏	偏　低	适　量	偏　高	过　量
氮(%)	<2.20	2.20~2.40	2.50~2.70	2.80~3.00	>3.00
磷(%)	<0.09	0.09~0.11	0.12~0.16	0.17~0.29	>0.30
钾(%)	<0.70	0.70~1.10	1.20~1.70	1.80~2.30	>2.40
钙(%)	<1.50	1.50~2.90	3.00~4.50	4.60~6.00	>7.00
镁(%)	<0.20	0.20~0.29	0.30~0.49	0.50~0.70	>0.80
硫(%)	<0.14	0.14~0.19	0.20~0.39	0.40~0.60	>0.60
硼(毫克/千克)	<20.00	20.00~35.00	36.00~100.00	101.00~200.00	>260.00

续表 5-2

营养元素	占干物质总量的比例				
	缺 乏	偏 低	适 量	偏 高	过 量
铁 (毫克/千克)	<35.00	35.00～49.00	50.00～120.00	130.00～200.00	>250.00
锌 (毫克/千克)	<18.00	18.00～24.00	25.00～49.00	50.00～200.00	>200.00
铜 (毫克/千克)	<3.60	3.70～4.90	5.00～12.00	13.00～19.00	>20.00
锰 (毫克/千克)	<18.00	18.00～24.00	25.00～49.00	50.00～500.00	>1000.00
钼 (毫克/千克)	<0.05	0.06～0.09	0.10～1.00	2.00～50.00	>100.00

(二)营养失调及矫正

砂糖橘缺乏某种元素时,其生理活动就会受到抑制,并在树体外部(枝、叶、果实等)表现出特有的症状。通过典型症状,可判断缺乏某一元素,从而采取相应的矫正措施。

1. 缺 氮

(1)症状表现　缺氮时新梢生长缓慢,叶片小而薄,严重时叶色褪绿黄化,老叶发黄,顶部呈黄色,叶簇生,小叶密生、无光泽、暗绿色。部分叶片先形成不规则绿色和黄色的杂色斑块,最后全叶发黄而脱落。花少而小,无叶花多,落花落果多,坐果率低。老叶有灼伤斑,果皮粗厚,果心大,果小,味酸,汁少,多渣。延迟果实着色和成熟,果实品质差,风味变淡。严重缺氮时,枝梢枯死,树势极度衰退,形成光秃树冠,易形成"小老树"。

（2）矫正措施　一是新建砂糖橘园,土壤熟化程度低、结构差,有机质贫乏,应增施有机肥,改良土壤结构,提高土壤的保氮和供氮能力,防止缺氮症发生。二是合理施用基肥,以有机肥为主,适当增施氮肥,尤其是在春梢萌发和果实膨大期,应及时地追肥。追肥以氮肥为主,配合磷、钾肥,以满足树体对氮素的需求;特别是在雨水多的季节,氮素易遭雨水淋溶而流失,应注重氮肥的施用。对已发生缺氮症的砂糖橘树,可用 $0.3\% \sim 0.5\%$ 尿素溶液或 0.3% 硫酸铵或硝酸铵溶液叶面喷施,一般连续喷施 $2 \sim 3$ 次即可矫治。三是加强水分管理。雨季应加强果园排水,防止果园积水,尤其是低洼地的砂糖橘园,以免发生根系因无氧呼吸造成黑根烂根。旱季及时灌水,保证根系生长发育良好,有利于养分的吸收,防止缺氮症的发生。

2. 缺　磷

（1）症状表现　缺磷时,根系生长不良,吸收力减弱,叶少而小,枝条细弱,叶片失去光泽、呈暗绿色,老叶呈青铜色,出现枯斑或褐斑、灼伤斑,新梢纤细。严重缺磷时,下部老叶趋向紫红色,新梢停止生长,花量少,坐果率低,形成的果实皮粗而厚,果实着色不良,果心大,味酸,汁少,多渣,品质差,易形成"小老树"。

（2）矫正措施　一是在红壤丘陵山地栽种砂糖橘时,酸性土壤上应配施石灰,调节土壤 pH 值,以减少土壤对磷的固定,提高土壤中磷的有效性。同时,还应增施有机肥,改良土壤,通过微生物的活动促进磷的转化与释放。二是合理施用磷肥。酸性土壤选用钙镁磷肥较为理想。磷肥的施用期宜早不宜迟,一般在秋冬季结合有机肥作基肥施用,可提高磷肥的利用率。对已发生缺磷症状的砂糖橘树,可在生长季节用 $0.2\% \sim 0.3\%$ 磷酸二氢钾溶液,或 $1\% \sim 3\%$ 过磷酸钙溶液,或 $0.5\% \sim 1\%$ 磷酸二铵溶液进行叶面喷施。三是注意果园排水,尤其是低洼地果园,地下水位高,要防止果园积水,避免根系因无氧呼吸造成黑根烂根。雨季要及时排水,提高土壤温度,保证砂糖橘根系生长发育良好,提高对土壤中磷的吸收。

3. 缺　钾

(1)症状表现　缺钾时老叶叶尖和叶缘部位开始黄化,随后向下部扩展,叶片变细并稍卷缩、皱缩,呈畸形,并有枯斑。新梢生长短小细弱。花量少,落花落果严重,果实变小,果皮薄而光滑,易裂果,不耐贮藏。抗旱、抗寒能力降低。

(2)矫正措施　一是增施有机肥和草木灰等,实行秸秆覆盖,防止钾营养缺乏症的发生。二是合理施用钾肥。砂糖橘要尽量少用含氯的化学钾肥,这是因为砂糖橘对氯离子比较敏感,通常施用硫酸钾代替氯化钾。对已发生缺钾症状的砂糖橘树,可在砂糖橘生长季节用 0.3%～0.5% 磷酸二氢钾溶液或 0.5%～1% 硫酸钾溶液叶面喷施,也可用含钾浓度较高的草木灰浸出液叶面喷施。三是缺钾症发生与氮肥施用过量有很大的关系。因此,应控制氮肥用量,增施钾肥,以保证养分平衡,避免缺钾症的发生。四是注意果园排水,尤其是低洼地果园,地下水位高,易造成果园积水,土壤水分过多,影响根系的呼吸作用,在无氧呼吸条件下,极易造成根系黑根烂根,根系生长发育不良,影响对土壤中钾的吸收,易发生缺钾症。

4. 缺　钙

(1)症状表现　缺钙时,根尖受害,严重时可造成烂根,影响树势。缺钙多发生在春梢叶片上,表现为叶片顶端黄化,而后扩展到叶缘部位,叶脉褪绿、变狭小,病叶的叶幅比正常叶窄,呈狭长畸形,叶片发黄并提前脱落。树冠上部的新梢短缩丛状,生长点枯死,树势衰弱。落花落果严重,坐果率低。果小味酸,果形不正,易裂果。

(2)矫正措施　一是红壤山地开发的砂糖橘园,土壤结构差,有机质含量低,应增施有机肥料,以改善土壤结构,增加土壤中可溶性钙的释放。二是对已严重缺钙的果园,一次用肥不宜过多,特别要控制氮、钾化肥用量。这是因为一方面氮、钾化肥用量过多,易与钙产生拮抗作用;另一方面土壤盐浓度过高,会抑制砂糖橘根系对钙的吸收。可叶面喷施钙肥,一般在新叶期进行,通常用0.3%~0.5%硝酸钙溶液,或0.3%过磷酸钙溶液,每隔5~7天喷1次,连续喷2~3次。三是酸性土壤应适量施用石灰,每667米² 施石灰50~60千克,增加土壤钙含量,可有效地防止缺钙症的发生。四是土壤干旱缺水时,应及时灌水,保证根系生长发育良好,以免影响根系对钙的吸收。

5. 缺　镁

(1)症状表现　缺镁时结果母枝和结果枝中位叶的叶脉间或沿主脉两侧出现肋骨状黄色区域,即出现黄斑或黄点,从叶缘向内褪色,形成倒“∧”形黄化,叶尖到叶基部保持绿色呈倒三角形,附近的营养枝叶色正常,老叶会出现主、侧脉肿大或木栓化。严重缺镁时,叶绿素不能正常形成,光合作用减弱,树势衰弱,开花结果少,味淡,果实着色差,产量低,并出现枯梢和冬季大量落叶现象,有的患病树采果后就开始大量落叶。病树易遭冻害,大小年结果明显。

(2)矫正措施　一是施用钙镁磷肥和硫酸镁等含镁肥料,补给土壤中镁的不足。二是对已发生缺镁症状的砂糖橘树,可在生长季节用1%~2%硫酸镁溶液叶面喷施,每隔5~10天喷1次,连续喷施2~3次。三是雨季加强果园排水,尤其是低洼地果园,地下水位高,要防止果园积水,避免根系因无氧呼吸造成黑根烂根;旱季及时灌水,保证砂糖橘根系生长发育良好,有利于养分的吸收,可防止缺镁症的发生。

6. 缺　硫

(1)症状表现　新梢叶像缺氮一样全叶明显发黄,随后枝梢发黄、叶变小,病叶提早脱落,而老叶仍为绿色,形成明显对照。患病叶主脉较其他部位黄,尤以主脉基部和翼叶部位更黄,且易脱落。抽生的新梢纤细,而且多呈丛生状。开花结果减少,成熟期延迟,果小、畸形,皮薄汁少。严重缺硫时,汁胞干缩。

(2)矫正措施 一是新建砂糖橘园,土壤熟化程度低,有机质贫乏,应增施有机肥,改良土壤结构,提高土壤的保水保肥性能,促进砂糖橘根系的生长发育和对硫的吸收利用。二是施用含硫肥料,如硫酸铵、硫酸钾等。对已发生缺硫症状的砂糖橘树,可在生长季节用 0.3％硫酸锌或硫酸锰或硫酸铜溶液叶面喷施,每隔 5～7 天喷 1 次,连续喷施 2～3 次。

7. 缺 硼

(1)症状表现 缺硼时,初期新梢叶出现黄色不规则形水渍状斑点,叶片卷曲、无光泽,呈古铜色、褐色以至黄色。叶畸形,叶脉发黄增粗,主、侧脉肿大,叶脉表皮开裂且木栓化。新芽丛生,花器萎缩,落花落果严重,果实发育不良,果小而畸形,幼果发僵发黑、易脱落,成熟果实小、皮红、汁少、味酸,品质低劣。严重缺硼时,嫩叶基部坏死,树顶部生长受到抑制,出现枯枝落叶,树冠呈秃顶景观;有时还可看到叶柄断裂,叶倒挂在枝梢上,最后枯萎脱落。果皮变厚且硬、表面粗糙呈瘤状,果皮及中心柱有褐色胶状物,果小、畸形、坚硬如石,汁胞干瘪,渣多汁少,淡而无味。

(2)矫正措施 一是改良土壤环境,培肥地力,增强土壤的保水供水性能,促进砂糖橘根系的生长发育及其对硼的吸收利用。二是合理施肥,防止氮肥过量,通过增施有机肥、套种绿肥,提高土壤有效硼,增加土壤供硼能力,防止缺硼症的发生。三是雨季加强果园排水,减少土壤有效硼的固定和流失;防止果园积水,以免发生根系因无氧呼吸造成的黑根烂根,降低根系的吸收功能。夏秋干旱季节,砂糖橘园要及时覆盖或灌水,保证根系生长健壮,有利于养分的吸收,防止缺硼症的发生。四是对已发生缺硼症状的砂糖橘树,可土施硼砂,最好与有机肥配合施用,一般小树每株施硼砂 10～20 克,大树施 50 克。也可在砂糖橘生长季节用 0.2%～0.3%硼砂溶液叶面喷施,每隔 7～10 天喷 1 次,连续喷施 2～3 次,喷施时最好加等量的石灰,以防药害。严重缺硼的砂糖橘园可在幼果期加喷 1 次 0.1%～0.2%硼砂溶液。值得注意的是,无论是土施还是叶面喷施硼砂,都要做到均匀施用,切忌过量,以防发生硼中毒。

8. 缺 铁

(1)症状表现　缺铁时,幼嫩新梢叶片黄化,叶肉黄白色,叶脉仍保持绿色、呈极细的绿色网状脉,而且脉纹清晰可见。随着缺铁程度加重,叶片除主脉保持绿色外,其余呈黄白化。严重缺铁时,叶缘也会枯焦褐变,叶片提前脱落,枝梢生长衰弱,果皮着色不良,淡黄色,味淡味酸。砂糖橘缺铁黄化以树冠外缘向阳部位的新梢叶最为严重,而树冠内部和荫蔽部位黄化较轻;一般春梢叶发病较轻,秋梢或晚秋梢发病较重。

(2)矫正措施　一是改良土壤结构,增加土壤通气性,提高土壤中铁的有效性和根系对铁的吸收能力。二是磷肥、锌肥、铜肥、锰肥等肥料的施用要适量,避免这些营养元素过量对铁的拮抗作用。三是对已发生缺铁症状的砂糖橘树,可在生长季节用0.3%～0.5%硫酸亚铁溶液叶面喷施,每隔 5～7 天喷 1 次,连续喷施 2～3 次。值得注意的是挂果期不能喷布树冠,以免灼伤果面,造成伤疤,影响果品商品价值。

9. 缺 锰

(1)症状表现　缺锰时,大多在新叶暗绿色的叶脉之间出现淡绿色的斑点或条斑,随着叶片成熟,叶花纹消失,症状越来越明显,淡绿色或淡黄绿色的区域随着病情加剧而扩大。最后叶片部分留下明显的绿斑,严重时则变成褐色,中脉区出现黄色和白色小斑点,引起落叶。果皮色淡发黄、变软。缺锰还会使部分小枝枯死。缺锰多发生在春季低温干旱的新梢转绿期。

（2）矫正措施　一是新建砂糖橘园土壤熟化程度低、有机质贫乏，应增施有机肥和硫磺，改良土壤结构，提高土壤锰的有效性和根系对锰的吸收能力。二是合理施肥，保持土壤养分平衡，防止缺锰症的发生。三是适量施用石灰，降低土壤有效锰，防止锰过剩症的发生。四是雨水多的季节淋溶强烈，易造成土壤有效锰的缺乏。对已发生缺锰症状的砂糖橘树，可在砂糖橘生长季节用 0.5％～1％硫酸锰溶液叶面喷施，每隔 5～7 天喷 1 次，连续喷施 2～3 次。

10. 缺　锌

（1）症状表现　缺锌时，枝梢生长受抑制，节间显著变短，叶窄而小、直立丛生，表现出簇叶病和小叶病。叶色褪绿形成黄绿相间的花叶，抽生的新叶随着老熟叶脉间出现黄色斑点，逐渐形成肋骨状鲜明的黄色斑块，严重时整个叶片呈淡黄色，新梢短而弱小。花芽分化不良，退化花多，落花落果严重，产量低。果小、皮厚汁少、味淡。同一树上向阳部位较荫蔽部位发病重。

（2）矫正措施　一是在施用有机肥的同时，结合施用锌肥，改善锌肥的供给状态，提高土壤锌的有效性和根系对锌的吸收能力。二是合理施用磷肥，尤其是在缺锌的土壤上，更应注意磷肥与锌肥的配合施用。但要避免磷肥过分集中施用，以免造成局部缺锌。三是对已发生缺锌症状的砂糖橘树，可在发春梢前叶面喷0.4％～0.5％硫酸锌溶液，也可在春梢萌发后喷 0.1％～0.2％硫酸锌溶液。在砂糖橘生长季节用 0.3％～0.5％硫酸锌溶液，并加0.2％～0.3％石灰及 0.1％洗衣粉作展着剂叶面喷施，每隔 5～7天喷 1 次，连续喷施 2～3 次。四是搞好果园排灌。春季雨水多，及时排除果园积水，并降低地下水位；干旱季节，加强灌溉，保证根系的正常生长和吸收功能，可防止砂糖橘树缺锌症的发生。

值得注意的是，叶面喷施锌肥最好不要在芽期进行，以免发生药害。锌肥的有效期较长，无论是土施还是叶面喷施，均不需要年年施用。

11. 缺　铜

(1)症状表现　缺铜时,幼枝长而柔软且上部扭曲下垂,初期表现为新梢生长曲折呈"S"形,叶特别大,叶色暗绿,叶肉呈淡黄色的网状,叶形不规则,主脉弯曲。严重缺铜时,叶和枝的尖端枯死,幼嫩枝梢树皮上产生水疱,疱内积满褐色胶状物质、爆裂后流出,最后病枝枯死。幼果淡绿色,果实细小畸形,皮色淡黄光滑,易裂果,常纵裂或横裂并产生许多红棕色至黑色瘤,果皮厚而硬,果肉僵硬,果汁味淡。

(2)矫正措施　一是在红壤山地开发的砂糖橘园,应适量增施石灰,以中和土壤酸性。同时,增施有机肥,改善土壤结构,提高土壤有效铜含量和根系对铜的吸收能力。二是合理施用氮肥,配合磷、钾肥,保持养分平衡,防止氮肥过量而引发缺铜症。对已发生缺铜症状的砂糖橘树,可在生长季节用 0.2% 硫酸铜溶液叶面喷施,最好加少量的熟石灰(0.15%～0.25%),以免发生伤害,每隔 5～7 天喷 1 次,连续喷施 2～3 次。

12. 氯　害

(1)症状表现　受害株叶片在中肋基部有褐色坏死区域,褐(死组织)、绿(活组织)界线清楚,继而叶身从翼叶交界处脱落,甚至整个枝条叶片脱光,同时枝梢出现褐色干枯。严重受害时整株死亡。

(2)矫正措施　一是砂糖橘树应严格控制施用含氯的化肥,尤其是要控制含有氯化铵及氯化钾的"双氯"复混肥,以防氯离子危害。二是对已发生氯中毒的砂糖橘树,要及时地把施入土壤中的氯肥移出,同时叶面喷施 0.2% 磷酸二氢钾溶液,以恢复树势。三是受氯危害严重的砂糖橘树,造成树体大量落叶的要加重修剪量,在春季萌芽前应早施肥,使叶芽萌发整齐。在各次枝梢展叶后,树冠喷施 0.3% 尿素＋0.2% 磷酸二氢钾混合液,也可喷施有机营养液肥 1～2 次,如农人液肥、氨基酸、倍力钙等,促梢壮梢,以尽快恢复树势和产量。

第六章 砂糖橘整形修剪技术

砂糖橘整形修剪是以其枝、芽和开花结果的生物学特性为基础，以培育丰产树形结构、调节生长与结果的矛盾、提高产量和延长经济寿命为目的的生产技术措施。所谓整形，就是将树体整成理想的形状，使树体的主干、主枝、副主枝等具有明确的主从关系，且数量适当、分布均匀，从而构成高产稳产的特定树形。修剪，就是在整形的基础上，为使树体长期维持高产稳产，而对枝条所进行的剪截整理工作。修剪包括修整树形和剪截枝梢两部分。整形修剪的原则是充分利用光能，达到立体结果。

一、整形修剪的意义

对于砂糖橘树来说，如果任其自然生长，势必会造成树形紊乱、树冠枝条重叠郁闭、树体通风透光条件差、内膛枯枝多、树势早衰，而且极易形成伞形树冠，不能达到立体结果，导致平面化结果，产量低、品质差、大小年结果现象十分明显，甚至出现栽而无收的现象。砂糖橘整形修剪是以砂糖橘的生长发育规律和品种特性为依据，运用整形修剪技术，培育高度适当的主干，配备一定数量、长度和位置合适的主枝、副主枝等骨干枝，使树体的主干、主枝、副主枝等具有明确的主从关系，形成结构牢固的理想树形，并能在较长的时期里承担最大的载果量。通过修剪，疏除树冠内的过密枝、弱枝和病虫枯枝，去掉遮阴枝，可以改善树体通风透光条件，有利于光合作用，从而使树体达到立体结果的目的；通过修剪，可以调节营养枝与结果枝的比例，协调生长与结果的关系，使树体营养生长与生殖生长保持平衡，防止出现大小年结果的现象。通过修剪，可以调节树体的营养分配,减少非生产性养分消耗,积累养分,改善果实的品质,提高果实的商品价值;通过修剪,可以防止砂糖橘树体早衰,使其保持较长时间的盛果期,延长经济寿命,从而达到高产稳产优质高效的栽培目的。

二、整形修剪方法与时期

(一)整形修剪方法

1. 短截　短截也叫短剪。通常剪去砂糖橘树1～2年生枝条前端的不充实部分,保留后段的充实健壮部分,这种修剪方法叫短截。短截对砂糖橘树的生长和结果,具有重要的作用。短截能刺激剪口芽以下2～3个芽萌发出健壮强枝,促进分枝,有利于树体营养生长;短截可调节生长与结果的矛盾,起到平衡树势的作用。短截营养枝,能减少翌年花量;短截衰弱枝,能促发健壮新梢;短截结果枝,可减少当年结果量,促发营养枝。短截时,通过对剪口芽方位的选择,可调节枝的抽生方位和强弱,还可以改善树冠内部通风透光条件,增强立体结果能力。根据对砂糖橘树枝条剪截程度的不同,将短截分为以下几种类型。

(1)轻度短截　剪去整个枝条1/3的叫轻度短截。经过轻度短截后的砂糖橘树枝条,所抽生的新梢较多,但枝梢生长势较弱、生长量较少。

(2)中度短截　在砂糖橘树的整形修剪过程中,剪去整个枝条1/2的叫中度短截。砂糖橘树的枝条,经过中度短截后所留下的饱满芽较多,萌发的新梢量为中等。

(3)重度短截　在砂糖橘树的整形修剪过程中,剪去整个枝条2/3以上的叫重度短截。砂糖橘树的枝条,经过重度短截后,去除了具有先端优势的饱满芽,所抽发的新梢虽然较少,但长势和成枝率均较强。

　　短截时要注意剪口芽生长的方向、剪口与芽的距离和剪口的方向，通常在芽上方0.5厘米处，与芽方向相反的一侧呈45°角削1个平直斜面。剪口削面过高、过低、过平、过斜或方向不对均会影响以后的生长（图6-1）。

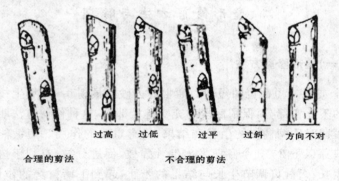

过高　过低　　过平　过斜　方向不对

合理的剪法　　　　　　不合理的剪法

图6-1　1年生枝剪口留法示意

　　2. 疏删　疏删也叫疏剪，是将1～2年生的枝条从基部剪除的修剪方法，其作用是调节各枝条间的生长势。对砂糖橘树1～2年生枝条进行疏剪，其原则是去弱留强、间密留稀，主要疏去交叉枝、重叠枝、纤弱枝、丛生枝、病虫枝和徒长枝等。由于疏剪减少了枝梢的数量，改善了留树枝梢的光照和养分供应情况，可促使枝梢生长健壮，多开花，多结果。

　　3. 回缩　回缩也叫缩剪，是短截的一种。主要是对砂糖橘树的多年生枝条（或枝组）的先端部分进行回缩修剪，常用于大枝顶端衰退或树冠外密内空的成年树和衰老树的整形修剪，以便更新树冠的大枝。顶端衰老枝组经过回缩后，可以改善树冠内部的光照条件，促使基部抽发壮梢，充实内膛，恢复树势，增加开花和结果量。对成年树或衰老树进行回缩修剪，其结果常与被剪大枝的生长势以及剪口处留下的剪口枝的强弱有关,回缩越重,剪口枝的萌发势越强,生长量越大。回缩修剪后,大枝的更新效果比小枝明显。

4.拉枝　在砂糖橘幼龄树整形期,采用绳索牵引,用竹竿、木棍支撑和石块等重物吊枝、塞枝等方法,使植株主枝、侧枝改变生长方向和长势,以适应整形对方位角和大枝夹角的要求,进而调节骨干枝的分布和长势,这种整形方法称之为拉枝。拉枝是砂糖橘幼龄树整形中,培育主枝和侧枝等骨干枝常用的有效方法。

5.抹芽放梢　利用砂糖橘树复芽的特性,在砂糖橘树的夏梢、秋梢抽生至1~2厘米长时,将其中不符合生长结果需要的嫩芽抹除,称抹芽。由于砂糖橘树的芽是复芽,因而把零星早抽生的主芽抹除后,可刺激副芽和附近其他芽萌发,抽出较多的新梢。经过反复几次抹芽,直至正常抽梢时间到后即停止抹除,使众多的芽同时萌发抽生,称为放梢。幼龄树经多次抹芽后放出的夏梢、秋梢数量多,抽生整齐,使树冠枝叶紧凑。对于砂糖橘结果树来说,经过反复抹去夏梢,可减少夏梢与幼果争夺养分所造成的大量落果。幼嫩的新梢集中放出后,有利于防治溃疡病、潜叶蛾等病虫害,适时放梢还可防止晚秋梢抽生。值得注意的是,放梢后新芽萌出1~2厘米时必须及时抹除;新芽生长过长后抹除,除增加养分损失、延误放梢时间外,还会造成较大的伤口,降低新梢质量,或使放梢后新梢生长参差不齐。抹芽放梢应在树势生长良好的情况下进行,还必须结合施肥灌水,才会收到良好的效果。一般要求在抹芽开始时或放梢前15~20天施用腐熟有机液肥,充分灌水,使放出的新梢整齐而健壮。

6.摘心　在新梢停止生长前,按整形要求的长度,摘除新梢先端的幼嫩部分,保留需要的长度,称之为摘心。通过对幼龄砂糖橘树的摘心,可以抑制枝条的延长生长,促进枝条充实老熟,利用芽的早熟性和1年多次抽枝的特性,促使侧芽提早萌发,抽发健壮的侧枝,以加速树冠的形成,尽早投产。同时,摘心处理还可降低分枝高度,增加分枝级数和分枝数量,使树体丰满而紧凑。摘心处理常用于幼龄树整形修剪和更新修剪后的树,成年树摘心主要是为了促使其枝条充实老熟。

(二)整形修剪时期

砂糖橘树在不同季节抽生不同类型的枝梢。根据不同的修剪目的,可将砂糖橘树的修剪分为休眠期修剪和生长期修剪。

1. 休眠期修剪 从采果后到春季萌芽前,对砂糖橘树所进行的修剪叫冬季修剪,也称休眠期修剪。砂糖橘树无绝对的休眠期,只有相对休眠期。处于相对休眠状态的砂糖橘树,生理活动减弱,此时对其进行修剪,养分损失较少。冬季无冻害的砂糖橘产区,采果后修剪越早,伤口愈合越快,效果越好。冬季有冻害的砂糖橘产区,可在翌年春季气温回升转暖后至春芽萌动前进行修剪。冬季修剪主要对枝条进行疏剪,剪除病虫枝、枯枝、衰弱枝、交叉枝、过密荫蔽枝、衰退的结果枝和结果母枝。对衰退的大枝序进行回缩修剪更新树冠,目的是剪除废枝,保留壮枝,调节树体营养,控制和调节花量,以充分利用光照,达到生长与结果的平衡。通过修剪,可调节树体养分分配,复壮树体,恢复树势,协调生长与结果的关系,使翌年抽生的春梢生长健壮、花器发育充实,提高坐果率。需要更新复壮的老树、弱树或重剪促梢的树,也可在春梢萌动时回缩修剪。重剪后,树体养分供应集中,新梢抽发多而健壮,树冠恢复快,更新效果好。

2. 生长期修剪 生长期修剪,系指春梢抽生后至采果前所进行的各种修剪,通常分为春季修剪、夏季修剪和秋季修剪。在生长期,由于生长旺盛、生理活动活跃,修剪后反应快,生长量大,对老树、弱树的更新复壮及抽发新梢效果良好。同时,生长期修剪,可调节树体养分分配,缓和生长与结果的矛盾,提高坐果率,对促进结果母枝的生长和花芽分化、延长丰产年限、克服大小年现象等也具有明显的效果。

（1）春季修剪 也称花前复剪，即在砂糖橘树萌芽后至开花前所进行的修剪，是对冬季修剪的补充。其目的是调节春梢、花蕾和幼果的数量比例，防止因春梢抽生过旺而加剧落花落果。对现蕾、开花结果过多的树，疏剪成花母枝，剪除部分生长过弱的结果枝，疏除过多的花朵和幼果，可减少养分消耗，达到保果的目的。在春芽萌发期，及时疏除树冠上部并生芽及直立芽，多留斜生向外的芽，减少一定数量的嫩梢，对提高坐果率具有明显的效果。

（2）夏季修剪 夏季修剪是指砂糖橘春梢停止生长后到秋梢抽生前（即5～7月份），对树冠枝梢所进行的修剪，包括幼树抹芽放梢、培育骨干枝，并结合进行摘心。一般在春梢5～6片叶、夏梢6～8片叶时摘心，以促使枝条粗壮，芽眼充实，培育多而健壮的基枝，达到扩大树冠的目的。成年结果树应抹除早期夏梢，缓和生长与结果的矛盾，避免其与幼果争夺养分，以减轻生理落果。夏剪最好在放秋梢前15天左右进行，夏剪的对象主要是短截更新1～3年生的衰弱枝群，促发健壮的秋梢。夏剪时要留有10厘米左右的枝桩，以便抽吐新梢。短截枝条的粗度可根据树体状况而定，衰老树应短截直径为0.5～0.8厘米的衰弱枝群，青壮年树可短截0.3～0.5厘米的衰弱枝群，每剪口可促发2～3条新梢，同龄树剪口越粗，发梢越多、越早。短截枝条多少，应根据树势、特别是衰弱枝多少而定，丰产期树以80～100条为宜。砂糖橘内膛短壮枝结果能力强，应尽量保留。同时，通过短截部分强旺枝梢，并在抹芽后适时放梢，培育多而健壮的秋梢结果母枝，是促进增产、克服大小年现象的一项行之有效的技术措施。

（3）秋季修剪 通常指8～10月份所进行的修剪，包括抹芽放梢后，疏除密闭和位置不当的秋梢，以免秋梢母枝过多或纤弱，并通过断根措施促使母枝花芽分化。同时，还可继续疏除多余的果实，以改善和提高果实品质。

三、幼龄树整形

砂糖橘幼龄树是指定植至投产前的树。苗木定植后 1～3 年，应根据砂糖橘的特性，选择合适的树形，培育高度适当的主干，配备一定数量、长度和位置合适的主枝、副主枝等骨干枝，使树体的主干、主枝、副主枝等具有明确的主从关系，形成结构牢固的理想树形，并能在较长的时期里承担最大的载果量，从而达到高产稳产、优质高效的栽培目的。

(一)树形选择

·合理的树形，对于砂糖橘树的生长发育和开花结果，具有非常重要的意义。因此，在砂糖橘树栽培管理的过程中，应根据砂糖橘的生物学特性，对幼龄树进行整形。在通常情况下，砂糖橘的树形主要有自然圆头形(图 6-2)、自然开心形(图 6-3)和变则主干形(图 6-4)。

图 6-2 自然圆头形树形

图 6-3 自然开心形树形

图 6-4　变则主干形树形

1. 自然圆头形　自然圆头形树形,符合砂糖橘树的自然生长习性,容易整形和培育。其树冠结构特点:接近自然生长状态,主干高度为 30～40 厘米,没有明显的中心干,由若干粗壮的主枝、副主枝构成树冠骨架。主枝数为 4～5 个,主枝与主干呈 45°～50°角,每个主枝上配置 2～3 个副主枝,第一副主枝距主干约 30 厘米,第二副主枝距第一副主枝 20～25 厘米,并与第一副主枝方向相反,副主枝与主干呈 50°～70°角。通观整棵砂糖橘树,树冠紧凑饱满,呈圆头形。

2. 自然开心形　自然开心形树形,树冠形成快,进入结果期早,果实发育好,品质优良,而且丰产后修剪量小。其树冠结构特点:主干高度为 30～35 厘米,没有中心干,主枝 3 个,主枝与主干呈 40°～45°角,主枝间距约 10 厘米,分布均匀,方位角约呈 120°,各主枝上按相距 30～40 厘米的标准配置 2～3 个方向相互错开的副主枝。第一副主枝距主干约 30 厘米,并与主干呈 60°～70°角。这种状态的砂糖橘树形,骨干枝较少,多斜直向上生长,枝条分布均匀,从属分明,树冠开张,开心而不露干,树冠表面呈多凸凹形状,阳光能透进树冠的内部。

3. 变则主干形 变则主干形树形,有明显的中心主干,树冠高大,长势较旺,产量较高。其树冠结构特点:主干高度为 30～40 厘米,中心主干明显,主枝 5～6 个,确定主枝后剪除顶部中心枝。第一层主枝 3 个,通过拉枝和调整方位,方位角约为 120°,主枝与中心主干角度为 40°～45°。第二层 2～3 个主枝,方位与第一层主枝错开,分枝角为 35°～40°,略小于第一层。第一层与第二层的间距不小于 40 厘米,副主枝与中心主干角约为 70°。各主枝上按相距 25～30 厘米的标准,配置 2～3 个方向相互错开的副主枝,副主枝上各培育 2～3 个小侧枝。这种状态的砂糖橘树形,骨干枝较多,多斜直向上生长,枝条分布均匀,从属分明,树冠高大,易获得高产。

(二)整形过程

1. 自然圆头形的整形过程 砂糖橘幼龄树整形,实际上在苗圃对嫁接苗剪顶时就已经开始,待嫁接苗春梢老熟后,留 10～15 厘米长进行短截。夏梢抽出后,只留 1 条顶端健壮的夏梢,其余摘除。当夏梢长至 10～25 厘米时进行摘心,如有花序也应及时摘除,以减少养分消耗,促发新芽。在立秋前 7 天剪顶,立秋后 7 天左右放秋梢。剪顶高度以离地面 50 厘米左右为宜,剪顶后有少量零星萌发的芽要抹除 1～2 次,促使大量的芽萌发至约 1 厘米长时,统一放秋梢。剪顶后在剪口附近 1～4 个节,每节留 1 个大小一致的幼芽,其余的摘除,选留的芽要分布均匀,以促使幼苗长成多分枝的植株。要求幼苗主干高度 25～30 厘米,并有 4～5 条生长健壮、分布均匀、长度为 15～23 厘米的枝梢作为主枝培养,在主枝上再留中秋梢(9 月上旬梢)作为副主枝培养。

(1)第一年 定植后,为了及时控制和选留枝、芽,减少养分消耗,应加强抹芽和摘心,使枝梢分布均匀,长度适中。抹芽的原则是"去零留整,去早留齐",即抹去早出的、零星的、少数的芽,待全园有 70% 以上的单株已萌梢、每株枝有 70% 以上的新梢萌发时保留不抹,叫放梢。要求幼苗主干高度为 30～40 厘米,没有明显的中心干,主枝 4～5 个,主枝与主干呈 45°～50°角。保留的新梢,在嫩叶初展时留 5～8 片叶后摘心,使其生长粗壮,提早老熟,促发下次梢。经过多次摘心处理后,一般可萌发 3～4 次梢,即春梢、早夏梢、晚夏梢和早秋梢,有利于砂糖橘枝梢生长,扩大树冠,加速树体成形。

(2)第二年　对生长枝梢继续做摘心处理,主枝上在距离主干约 30 厘米处,选留生长健壮的早秋梢,作为第一副主枝培养。每当梢长 2～3 厘米时,要及时疏芽,调整枝梢。为使树势均匀,留梢时应注意强枝多留,弱枝少留。通常春梢留 5～6 片叶、夏梢留 6～8 片叶后进行摘心,以促使枝梢健壮。秋梢一般不摘心,以防发生晚秋梢。

(3)第三年　继续培养主枝和选留副主枝,配置侧枝,使树冠尽快扩大。在此期间,主枝要保持斜直生长,以维持强势生长。每个主枝上按相距 20～25 厘米的要求,配置方向相互错开的 2～3 个副主枝,副主枝与主干呈 50°～70°角。在整形过程中,要防止出现上下副主枝、侧枝重叠生长的现象,以免影响光照(图 6-5)。

2. 自然开心形的整形过程

(1)第一年　定植后,在春梢萌芽前将苗木留 50～60 厘米高短截定干。剪口芽以下 20 厘米为整形带,在整形带内选择 3 个生长势强、分布均匀和相距 10 厘米左右的新梢,作为主枝培养,并使其与主干呈 40°～45°角。对其余新梢,除少数作辅养枝外,全部抹去。整形带以下即为主干,在主干上萌发的枝和芽应及时抹除,保持主干有 30～35 厘米的高度。

(2)第二年　在春季发芽前短截主枝先端衰弱部分。抽发春梢后,在先端选一强梢作为主枝延长枝,其余的作侧枝。在距主干约 35 厘米处,选留第一副主枝,以后,主枝先端如有强夏梢、秋梢发生,可留 1 个作主枝延长枝,其余的摘心。对主枝延长枝,一般留 5～7 个有效芽后下剪,以促发强枝。保留的新梢,根据其生长势,在嫩叶初展时留 5～8 片叶后摘心,促其生长粗壮,提早老熟,促发下次梢。经过多次摘心处理后,有利于枝梢生长,扩大树冠,加速树体成形。

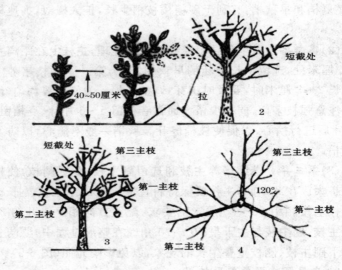

图 6-5　自然圆头形树形的整形过程
1. 第一年整形　2. 第二年整形　3. 第三年整形　4. 俯视图

(3)第三年　继续培养主枝和选留副主枝,配置侧枝,使树冠尽快扩大。主枝要保持斜直生长,以保持生长强势。同时,陆续在各主枝上按相距 30～40 厘米的要求,选留方向相互错开的 2～3 个副主枝,副主枝与主干呈 60°～70°角。在主枝与副主枝上,配置侧枝,促使其结果(图 6-6)。

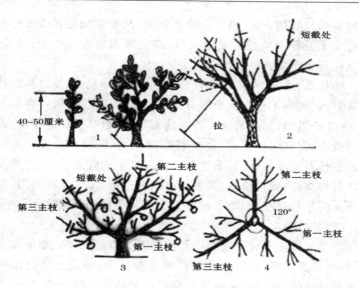

图6-6 自然开心形树形的整形过程

1. 第一年整形 2. 第二年整形 3. 第三年整形 4. 俯视图

3. 变则主干形的整形过程

(1)第一年

①定干 定植后,自苗木40～60厘米高处短截定干,保持主干高度为30～40厘米。在萌发的新梢中,留先端生长强健的1个,短截1/3,立支柱扶直,培育为中心主干。

②选配主枝 在中心主干的延长枝下,选留1个作为第一主枝培养,保留3～5个新梢,其余枝梢抹除,以保证中心主干及第一主枝的生长。保留的新梢,在嫩叶初展时留5～8片叶后摘心,促其生长粗壮,提早老熟,促发下次梢。夏梢萌发后,在中心主干上,选留1个强枝作为中心主干延长枝培养,另选留1个生长强壮的枝,作为第二主枝培养,疏除过密枝梢。夏梢上发生的秋梢,按前

处理春梢及夏梢方法,留强者继续延伸,其余多摘心或疏除。作为中心主干及第一主枝和其延长枝,应引缚固定在支柱上,待 2～3 年老化后才牢固。

③摘心、抹芽、除萌　为促进夏梢、秋梢早发,宜及时将春梢生长良好、但先端不充实部分早日摘心。夏梢萌发后,每一春梢上选留 2～3 个夏梢,其余疏除。保留的新梢,在嫩叶初展时留 5～8 片叶后摘心,促其生长粗壮,提早老熟,促发下次梢。在主干上除所选的主枝及辅养枝外,其余过低、过密、短小的纤细枝,无论是春梢或夏梢均抹除;秋梢萌发后,第一夏梢上选留 2～3 个秋梢,其余生长不良的早日抹芽、除萌。砧木上的萌芽及早全部抹除。

(2)第二年

①继续选配主枝　短截中心主枝及主枝延长枝先端不充实部分,并继续选留第三、第四主枝。抽发春梢后,除最上部留作中心主干延长枝外,在其上选留 1 个强梢作为第三主枝培养,第三主枝与第二主枝在主干上相距 25～30 厘米。夏梢萌发后,选 1 个强梢作为第四主枝培养。主枝与中心主干角度为 40°～45°,以后主枝先端如有强夏、秋梢发生,可留 1 个作主枝延长枝,其余的进行摘心。对主枝延长枝,一般留 5～7 个有效芽后下剪,以促发强枝。保留的新梢,根据其生长势,在嫩叶初展时留 5～8 片叶后摘心。通过摘心,促其生长粗壮,提早老熟,促发下次梢,经过多次摘心处理后,有利于枝梢生长,扩大树冠,加速树体成形。

②选留副主枝　春梢萌发后,可以选定第一和第二主枝上的第一副主枝。第一副主枝,离开该主枝与中心主分枝点向上 40～60 厘米间隔为宜,副主枝与中心主干角度约为 70°。所以,副主枝上枝组较之主枝更易早结果,主枝生长势强于副主枝。

③摘心、抹芽、除萌　同第一年整形方法,并摘除花蕾。

(3)第三年

①短截中心主干及各主枝、副主枝的延长枝　短截中心主枝

及各主枝、副主枝延长枝先端不充实部分,使其多发新梢;其他侧枝也短截,促发新梢,但以不远离骨干枝为原则。其他不扰乱树形的枝梢,仍然尽量保留。

②继续选留主枝及副主枝　在中心主干上所发的春梢,继续选留第五主枝,其后在夏梢中选留第六主枝。同时,在第一及第二主枝上所发的春梢中选第二副主枝,在第三主枝上选第一副主枝。第一主枝与第二主枝可以在一个平面上,但延伸方向相反,如为南北方向。第三与第四主枝也是向相反方向,如东西向延伸。自上向下俯视树冠时呈"十"字形,而第五与第六主枝穿插其空间。各主枝上的副主枝,如第一主枝上第一副主枝出自左侧,以后各主枝上第一副主枝则均出自左侧;同样,第二副主枝均出自右侧。第一与第二副主枝相距 30 厘米左右;全树各主枝均同于第一主枝,则不会重叠。各主枝及副主枝仍需立支柱绑扎。

③配置枝组　在各骨干枝上抽生的夏、秋梢,冬季做轻度短截,第二年将陆续抽生春梢、夏梢、秋梢,形成枝组。枝组数量以树冠内外上下均匀分布、互不拥挤遮光为好,即尽量保留枝组,不使在骨干枝上有空隙,但也不至于因拥挤而造成郁闭。这样,有利于早结果,早丰产。

④摘心、抹芽、除萌　方法同第二年整形。在树冠下部以及内膛辅养枝上可以适量结果,但各骨干枝上有花蕾仍然摘除。

(4)第四年

①骨干枝培养　至此已有 5~6 个主枝,每一主枝上已有副主枝 1~2 个;如株行距大,则副主枝可培养 2~4 个,而主枝仍继续向前延伸。

②剪顶　中心主枝每年留一段延长枝剪短,进入盛果期后可以在最后 1 个主枝基部剪去中心主干,即剪顶开心,使阳光能射入内膛,并可控制树冠继续长高。剪顶后,要防止顶部强枝继续形成新的中心主干。

③侧枝的培养 在变则主干形中,因各主枝与中心主干之间呈 30°~40°角,所以主枝并无明显的阴阳面之分。其周围均可着生副主枝、辅养枝及大型枝组,统称侧枝。侧枝要求分布均匀,长势较一致,以便使砂糖橘树冠紧凑,绿叶层厚,结果体积大。骨干枝基部可培养大型枝组,中部培养中型枝组,上部培养小型枝组,防止骨干枝先端结果、内膛光照差,造成树冠内生长衰弱,基部光秃,使结果平面化(图 6-7)。

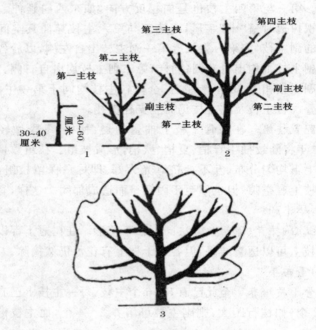

图 6-7 变则主干形树形的整形过程
1. 第一、第二年整形 2. 第三、第四年整形 3. 变则主干形树形

在砂糖橘幼树定植后的 2~3 年,春季形成的花蕾均予摘除。

第三、第四年后,可让树冠内部、下部的辅养枝适量结果;对主枝上的花蕾,仍然予以摘除,以保证其生长强大,扩大树冠。

(三)撑、拉、吊、塞,矫正树形

由于幼龄砂糖橘树,一般分枝角度小,枝条密集直立,不利于形成丰产的树冠。因而,必须通过拉线整形,使主枝和主干开张45°～50°角,保持树体的主干、主枝和副主枝具有明确的主从关系,且分布均匀、结构牢固,能在较长时期内承担最大的载果量。在整形过程中,调整好砂糖橘树的主枝与分枝角度,对于形成丰产树冠至关重要。

主枝与分枝角度,包括基角、腰角和梢角(图6-8),分枝基角越大,负重力越大,但易早衰。多数幼树基角及腰角偏小,应注意开张。整形时,一般腰角应大些,基角次之,梢角小一些,通常基角为40°～45°、腰角为50°～60°、梢角为30°～40°,主枝方位角为120°。对树形歪斜、主枝方位不当和基角过小的树,可在其生长旺盛期(5～8月份),采用撑(竹木杆)、拉(绳索)、吊(石头)或坠的办法,加大主干与主枝间的角度(图6-9)。对主枝生长势过强的砂糖橘树,可用背后枝代替原主枝延长枝,以减缓生长势、开张主枝角度。相邻主枝间的夹角称为方位角,可通过绳索拉和石头吊等方法,调整砂糖橘树主枝的方位角,使其主枝分布均匀,方位角大小基本一致,树冠结构合理,外形基本圆整。具体方法:将选留为主枝的、分枝角度小的新梢用绳缚扎,把分枝角度拉大至60°～70°,再将绳子的另一端缚住竹篾,插地固定,使之与主干形成合理的角度,经20～25天枝梢定形后再松缚,即可恢复为45°～50°角。值得注意的是拉绳整形应在放梢前1个月完成,并要抹除树干和主枝上的萌芽。

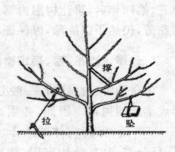

图 6-8　主枝的分枝角度　　　　　图 6-9　开张主枝的角度
1. 基角　2. 腰角　3. 梢角

四、不同树龄树修剪

按树龄的不同,砂糖橘分为幼龄树、初结果树、盛果期树和衰老树等 4 类,不同生育阶段的树,具有不同的生理特点和需要解决的矛盾,因此修剪方法也不同。

(一)幼龄树修剪

1. 幼龄树生长的特点　砂糖橘树从定植后至投产前,这一时期称幼龄树。幼苗定植成活后,便开始离心生长,每年抽发大量的春梢、夏梢和秋梢,不断扩大树冠。骨干枝愈来愈长,树冠内密生枝和外围丛生枝愈来愈多,如果不进行适当修剪,则难以形成理想的结果树冠。因此,幼龄树修剪量宜轻,应该以抽梢、扩大树冠、培养骨干枝、增加树冠枝梢和叶片量为主。

2. 幼龄树修剪方法

(1)春季修剪　按照"三去一、五去二"的方法疏去主枝、副主枝和侧枝上的密生枝;短截树冠内的重叠枝、交叉枝、衰弱枝;对长势强的长夏梢,应齐树冠圆头顶部短截,避免形成树上树;对没有利用价值的徒长枝,应从基部剪除,以免影响树冠紧凑;对主干倾斜或树冠偏歪的砂糖橘树,可采取撑、拉、吊等辅助办法矫正树形。

（2）夏季修剪

①短截延长枝　在5月中下旬,当主枝、副主枝和侧枝每次抽梢达20～25厘米长时,及时摘心。如枝梢已达木质化程度时,应剪去枝梢先端衰弱部分。摘心和剪梢能促进枝梢老熟,促发分枝,有利于抽发第二次和第三次梢,增加分枝级数,提前形成树冠,提早结果。通过剪口芽的选留方向和短截程度的轻重,可调节延长枝的方位和生长势。

②夏、秋长梢摘心　幼龄树可利用夏、秋长梢培养骨干枝,扩大树冠。当夏、秋梢长至20～25厘米时,进行摘心,使枝梢生长健壮,提早老熟,促发分枝。经摘心处理后,有利于枝梢生长,扩大树冠,加速树体成形。

③抹芽放梢　当树冠上部、外部或强旺枝顶端零星萌发的嫩梢达1～2厘米时,即可抹除。每隔3～5天抹除1次,连续抹3～5次,待全园有70%以上的单株已萌梢、每株枝有70%以上的新梢萌发时停止抹芽,让其抽梢,这叫放梢。结合摘心,放梢1～2次,促使其抽生1～2批整齐的夏、秋梢,以加快生长,加快扩大树冠。

④疏除花蕾　幼龄树主要是营养生长和抽发春、夏、秋梢,迅速扩大树冠,形成树冠骨架。如果过早开花结果,则会影响枝梢生长,不利于树冠形成,易变成小老树。因此,1～3年生砂糖橘树在现蕾后,应摘除其花蕾。树势强壮的3年生树,可在树冠内部和中下部保留少部分花蕾,控制少量挂果。也可采用植物生长调节剂处理控制花蕾,其方法:在11月份至12月上旬,每隔15天喷1次100～200毫克/千克赤霉素溶液,共喷3次,翌年基本上无花。此法既可代替幼树人工疏花,还有增强树体营养的效果。

⑤疏剪无用枝梢 幼龄树修剪量宜轻,尽可能保留有用枝梢作为辅养枝。同时,要适当疏删少量密、弱枝,剪除病虫枝和扰乱树形的徒长枝等无用枝梢,节省养分,有利于枝梢生长和扩大树冠。

(二)初结果树修剪

1. 初结果树生长的特点 砂糖橘定植后 3～4 年开始结果,产量逐年上升。此时,树体既生长又结果,但以生长为主,继续扩大树冠,使其尽早进入结果盛期,同时每年还维持适量的产量。初结果树营养生长较旺,枝梢抽生量大,梢、果矛盾比较明显,生理落果比较严重,产量很不稳定。

2. 初结果树修剪方法

(1)春季修剪

①短截骨干枝 对主枝、副主枝、侧枝和部分树冠上部的枝条,留 1/2～2/3 进行短截。抽生强壮的延长枝,保持旺盛的生长势,不断扩大树冠。同时,继续配置结果枝组,形成丰满的树冠。

②轻剪内膛枝 对内膛枝,可短截扰乱树形的交叉枝,疏剪部分丛生枝、密集枝,并疏除枯枝、病虫枝。一般宜轻剪或不剪,修剪量不宜过多。

③回缩下垂枝 进入初结果期的砂糖橘树,其树冠中下部的春梢会逐渐转化为结果母枝,而上部的春梢则是抽发新梢的基枝。因此,对树冠中下部的下垂春梢,除纤弱梢外应尽量保留,让其结果。待结果后,每年在下垂枝的先端下垂部分进行回缩修剪,既可更新复壮下垂枝,又能适当抬高结果位置,以免梢、果披垂至地面,受地面雨水的影响感染病菌,影响果品的商品价值。

(2)夏季修剪

①摘心 对旺盛生长的春梢,应进行摘心,迫使春梢停止生长,以减少因梢、果矛盾造成的落花落蕾。夏梢、早秋梢长至 20～

25厘米时应进行摘心,使枝梢生长健壮,提早老熟,促发分枝。对于秋梢不宜摘心,因摘心后的秋梢不能转化为结果母枝,难以保证适量的挂果量。

②抹芽控梢　初结果树,营养生长与生殖生长易失去平衡,往往由于施肥不当、氮肥用量过多,抽发大量的夏梢,因营养生长过旺,造成幼果因养分不足,而加重生理落果。为了缓和生长与结果的矛盾,可在5月底至7月上旬,每隔5～7天抹除幼嫩夏梢1次。在5月底至6月初,夏梢萌发后3～4天喷布调节膦500～700毫克/千克,也可有效地抑制夏梢抽发。7月中旬第二次生理落果后,配合夏剪加强肥水管理,以促发秋梢。

③促发秋梢　秋梢是砂糖橘初结果树的主要结果母枝,可在6月底至7月初重施壮果促梢肥。7月中下旬对树冠外围的斜生粗壮春梢,保留3～4个有效芽,进行短截,促发健壮秋梢,作为翌年优良的结果母枝。

④继续短截延长枝　对主枝、副主枝、侧枝和部分树冠上部的枝条,留2/3～1/2进行短截,抽生强壮的延长枝,保持旺盛的生长势,以不断扩大树冠。同时,促使侧枝或基部的芽萌发抽枝,培育内膛和中下部的结果枝组,增加结果量,并形成丰满的树冠。

⑤曲枝、扭梢促花　砂糖橘树9月份开始花芽生理分化,11月份开始花芽形态分化,在9～10月份是控制花芽分化的关键时期。通常对长势旺的夏、秋长梢进行曲枝、扭梢处理,削弱枝的长势,有利于花芽分化,增加花的数量,提高花的质量。曲枝、扭梢处理时期,以枝梢长至30厘米尚未木质化时为宜。曲枝是将夏、秋长梢弯曲,把枝尖缚扎在该枝的基部。扭梢(图6-10)是在夏、秋长梢基部以上5～10厘米处,把枝梢扭向生长相反的方向,即从基部扭转180°下垂,或披在下半侧的枝腋间。披梢时,一定要做到牢稳可靠,防止被扭枝梢重新翘起,生长再度变旺而达不到扭梢的目的。

图 6-10　扭　梢

(三)盛果期树修剪

1. 盛果期树生长的特点　砂糖橘树进入盛果期后,树冠各部位普遍开花结果,其树势逐渐转弱,较少抽生夏、秋梢,结果母枝转为以春梢为主。树冠不能继续迅速扩大,生长与结果处于相对平衡状态。经过大量结果后,发枝力减弱,加上枝梢密集生长,加速枝条的衰退,内膛枝因光照弱而成枯枝,由立体结果逐渐成为平面结果,枝组逐渐衰退,产量也随之下降,易形成大小年结果现象。

2. 盛果期树修剪方法

(1)春季修剪

①强树　这类树发枝力强,树冠郁闭,生长旺盛,修剪不当易造成树冠上强下弱、外密内空。应采取疏、短结合,适当疏剪外围密枝和短截部分内膛枝条,培养内膛结果枝组。具体做法是:一是疏除树冠内 1~2 个大侧枝。对郁闭树,根据树冠大小,疏除中间或左右两侧 1~2 个大侧枝,实施"开天窗"。这样,既可控制旺长,又可改善树冠内光照条件,从而充分发挥树冠各部位枝条的结果能力。二是疏除冠外密弱枝。对树冠外围每个枝头的密集枝,要按"三去一、五去二"的原则疏除;对侧枝上密集的小枝,要按 10~15 厘米的枝间距离,去弱留强、间密留稀,改善树体光照条件,发

挥树冠各部位枝条的结果能力。三是适当短截树冠外部分强枝。对树冠外围强壮的枝梢进行短截,促使分枝形成结果枝组。同时,通过短截强壮枝梢,改善树冠内膛光照条件,培养内膛枝,使上下、里外立体结果。四是回缩徒长枝。砂糖橘结果树徒长枝长达 40 厘米左右,扰乱树冠,消耗养分。对于徒长枝,可按着生位置不同进行修剪,徒长枝如果长在大枝上,没有利用空间、无保留必要,则应从基部及早疏除;对于徒长枝长在树冠空缺、位置恰当、有利用价值的,应在约 20 厘米处进行短截,促发新梢,通过回缩修剪,促使分枝形成侧枝,以填补空位,形成树冠内结果枝组,培养紧凑树冠;对于长在末级枝上的徒长枝,一般不宜疏剪,可在停止生长前进行摘心,培养成结果枝组。

②中庸树　这类树生长势中庸,弱枝、强枝均较少,容易形成花芽,花量和结果量较多。对这种树要适当短截上部枝和衰弱枝。垂枝因具有较强的结果能力,回缩下垂枝时,可在健壮处剪去先端下垂、衰弱的部分,抬高枝梢位置。同时,对结果后的枝组及时进行更新,培养树冠内、外结果枝组,维持树势生长中庸,每年培养一定数量的结果母枝,可保持翌年结果,防止树势衰退。

③弱树　这类树衰弱枝多、发枝力弱,其特征是春梢分枝多而短,枝条纤细,常因树势减弱,外围产生丛状枝、叶细小的衰弱枝群,只有将这些衰弱枝群短截成 10 厘米左右的枝桩,才能促发壮梢;这类丛状枝若呈现扫把枝序,则要在枝粗 1～2 厘米分枝处锯掉,形成通风透光、具"开天窗"的树冠,保持立体结果;如果这类树任其生长,就会出现叶片逐渐变小、变薄,树势衰退,坐果率较低,只能在强壮枝条上坐果,往往形成"一树花半树果",产量下降。对这种树要采取适度重剪,疏、短结合,更新树冠。一般疏删内膛部分密集衰退枝,疏除下垂枝,回缩外围衰弱枝,促发枝梢,更新枝组,培养树冠内壮枝,复壮树势。

(2)夏季修剪

①强树 一是春梢摘心。在 3～4 月份,对旺长春梢进行摘心处理,削弱生长势,缓和梢、果争夺养分的矛盾,提高坐果率。二是抹除夏梢。在 5 月下旬至 7 月上旬,及时抹除夏梢,可每隔 3～5天抹 1 次,防止夏梢大量萌发而冲落果实,有利于保果。三是疏剪郁闭枝。对于郁闭树,树冠比较郁闭,可在 7 月中下旬疏剪密集部位的 1～2 个小侧枝,实施开"小天窗",改善树冠光照条件,培养树冠内膛结果枝组,防止树体早衰,延长盛果期年限。四是控梢促花。在 9～10 月份对长壮枝梢进行扭枝处理,其方法是在枝梢长至约 30 厘米、尚未木质化时,从长壮枝梢基部以上 5～10 厘米处,把枝梢扭向生长相反的方向,即从基部扭转 180°下垂,并掖在下半侧的枝腋间,可控制枝梢旺长,促使花芽分化(图 6-11)。

图 6-11 扭梢促花

②中庸树 一是夏梢摘心。5～7 月份抽生的夏梢留 20～25厘米长进行摘心,促发分枝,形成结果枝组。二是疏剪密弱枝,改善树体光照。对于树冠内的密生枝、衰弱枝、病虫枝和枯枝,一律从基部剪除,改善树体光照条件,复壮内膛结果枝组,提高结果能

力。三是适当疏果。对结果多的树,按 25～30∶1 的叶、果比进行疏果,维持合适的结果量,防止结果过多,影响树体营养生长,维持树体生长与结果平衡,防止树势衰退。四是促发秋梢。在 6 月底至 7 月初,重施壮果促梢肥;在 7 月中下旬,对树冠外围的斜生粗壮春梢及落花落果枝,保留 3～4 个有效芽进行短截,促发健壮秋梢,作为翌年优良的结果母枝。

③弱树　在 3～4 月份,按"三去一、五去二"的原则,抹去部分春梢,5～6 月份抹去部分夏梢,以节约养分,尽量保留幼果,提高坐果率;7 月上中旬夏季修剪时,要短截交叉枝、落花落果枝,回缩衰弱枝,使剪口下抽发壮梢,以更新树冠;对树冠内徒长枝,留 25 厘米左右长进行短截,促使分枝,复壮树势。

(四)衰老树修剪

1. 衰老树生长的特点　砂糖橘经过一段时期的高产后,随着树龄的不断增大,树势逐渐衰退,树体开始向心生长,由盛果期进入衰老期。进入衰老期的砂糖橘树,树体营养生长减弱,抽梢与开花结果能力下降,树冠各部大枝组均变成衰弱枝组,内膛出现枯枝、光秃,衰老枝序增多,果小质差,产量减少。砂糖橘枝干上有大量隐芽,只要通过强剪刺激,剪口下的隐芽就会萌发而成更新树冠的枝条。因此,生产中可根据树体的衰老程度进行修剪,以更新树冠。衰老树可分为严重衰老树、轻度衰老树和局部衰老树 3 种。

2. 衰老树修剪方法　根据树冠衰老程度的不同,衰老树更新修剪分为轮换更新、露骨更新和主枝更新 3 种。

(1)轮换更新　轮换更新又称局部更新或枝组更新(图 6-12),是一种较轻的更新。比如,全树树体部分枝群衰退,尚有部分枝群有结果能力,应对衰退 2～3 年的侧枝进行短截,促发强壮新梢。经过 2～3 年,有计划地轮换更新衰老的 3～4 年生侧枝,并删除多余的基枝、侧枝和副主枝,即可更新全部树冠。注意保留强壮的枝组和中庸枝组,特别是有叶枝要尽量保留。砂糖橘树在轮换更新期间,尚有一定产量,经过 2～3 年完成更新后,产量比更新前高,但树冠有所缩小。再经过数年后,便可以恢复到原来的树冠大小。

图 6-12　轮换更新示意图

　　(2)露骨更新　露骨更新又称中度更新或骨干枝更新(图 6-13),适用于那些不能结果的老树或很少结果的衰弱树,以及密植郁闭植株。更新时,在树冠外围将枝条从粗 3 厘米以下处短截,主要是删除多余的基枝,或将 2～3 年生侧枝、重叠枝、副主枝或 3～5 年生枝组全部剪除,骨干枝基部保留,并注意保留树冠中下部有叶片的枝条。露骨更新后,如果加强管理,当年便能恢复树冠,第二年即能获得一定的产量。更新时间,最好安排在每年新梢萌芽前,通常以在 3～6 月份进行为好。在高温干旱的砂糖橘产区,可在 1～2 月份春芽萌发前,进行露骨更新。

　　(3)主枝更新　主枝更新又称重度更新(图 6-14),是砂糖橘树冠更新中最重的一种。树势严重衰退的老树,在离主枝基部70～100 厘米处锯断,将骨干枝强度短截,使之重新抽生新梢,形成新树冠。同时,进行适当的深耕、施肥,更新根群。老树回缩后,要经过 2～3 年才能恢复树冠,重新结果。一般在春梢萌芽前进行主枝更新,实施时剪口要平整光滑,并涂蜡保护伤口。树干用稻草包扎或用生石灰 15～20 千克、食盐 0.25 千克、石硫合剂渣液 1 千克,加水 50 升配制刷白剂刷白,以防日灼。新梢萌发后,抹芽 1～2 次后放梢,并疏去过密和着生位置不当的枝条,每枝留 2～3 条新梢。对长梢应摘心,以促使其增粗生长,重新培育成树冠骨架。第二年或第三年后即可恢复结果。

图 6-13　露骨更新示意图

图 6-14　主枝更新示意图

(4)衰老树更新修剪应注意事项　老树更新后树冠的管理是更新成功的关键。对更新后的树冠管理应注意以下几点:一是加强肥水管理。衰老树首先应进行根系更新,在更新前 1 年的 9～10 月份,进行改土扩穴,增施有机肥,并保持适度的肥水供应,促进树体生长。同时,要进行树盘覆盖,保持土壤的疏松和湿润。具体方法:将树冠下的表土扒开,检查侧生根群,见烂根即进行剪除,然后暴晒 1～2 天,并撒石灰 1 千克,或淋施 30%噁霉灵水剂 1 000 倍液,适当施些草木灰,铺上腐熟堆肥后盖土,然后覆盖杂草保湿。为促进生根,每株可用生根粉 30 克加水 2～4 升淋施,约 15 天后即发新根,开始恢复树势。在根系更新的基础上再更新树冠。二是加强对新梢的抹除、摘心与引缚。砂糖橘老树被更新修剪后,往往萌发大量的新梢。对萌发的新梢,除需要保留的以外,还应及时抹除多余的枝梢。对生长过强或带有徒长性的枝,要进行摘心,使其增粗,将其重新培育成树冠骨架。对作为骨干枝的延长枝,为保持其长势,应用小竹竿引缚,以防折断。三是注意防晒。树冠更新后,损失了大量的枝叶,其骨干枝及主干极易发生日灼。因此,对各级骨干枝及树干要涂白,对剪口和锯口要修平,使之光滑,并涂防腐剂。四是对老树的更新修剪,应选择在春梢萌芽前进行。夏季气温高,枝梢易枯死;秋季气温逐渐下降,枝梢抽发后生长缓慢;冬季气温低,易受冻害,因此均不宜进行老树更新修剪。五是在叶片转绿和花芽分化前,可叶面喷施 0.3％～0.5％尿素与 0.2％～0.3％磷酸二氢钾混合液,每隔 7 天喷 1 次,连喷 2～3 次。也可喷施新型高效叶面肥,如叶霸、绿丰素、氨基酸和倍力钙等,这些高效叶面肥营养全面,喷后效果良好。六是在新梢生长期,加强病虫害的防治,以保证新梢健壮生长。

五、大小年结果树修剪

砂糖橘进入盛果期后,容易形成大小年,如不及时矫正,则大小年产量差幅会越来越大。为防止和矫治砂糖橘大小年结果现象,促使其丰产稳产,大年树修剪时要适当减少花量,增加营养枝的抽生;对小年树则要尽可能保留开花的枝条,以求保花保果,提高产量。

1. 大小年结果树生长的特点 砂糖橘保持连年丰产稳产,维持正常的开花结果,必须建立在一定的树体营养基础上。树体营养生长与生殖生长维持平衡时,就能在当年丰产的同时,抽发出相当数量的营养枝,并使这些营养枝转化为结果母枝,供第二年继续正常开花结果。如果营养生长与生殖生长平衡被破坏,当年结果过多,树体内积累的营养物质大量输入果实,造成养分不足,枝梢生长受到抑制,树体营养物质积累少,影响了花芽分化,第二年势必减少开花,而形成小年结果。至第三年,由于第二年是小年结果，枝梢抽生多，树体营养物质积累就多，有利于花芽分化，结果母枝多，势必使第三年大量开花结果，而形成大年结果。砂糖橘抽枝多而密，枝梢细而短，树冠紧凑，比较容易开花结果。如修剪不合理和肥水管理不当，没有根据抽梢、结果的规律进行科学修剪和科学施肥，就易发生大小年结果现象。

2. 大小年结果树修剪的原则　对大年结果树应控果促梢，减少花量，增加营养枝抽生，采取大肥大剪，适量疏花疏果；对小年结果树应保果控梢，尽量保留结果的枝梢，采取小肥小剪，并结合保花保果措施。通过修剪和施肥，维持树体营养生长和生殖生长的平衡，保持树体结果适量，并抽出数量适当的枝梢，形成良好的结果母枝，达到连年丰产稳产。

3. 大小年结果树修剪方法

（1）大年结果树修剪

①春季修剪　大年结果树的春季修剪主要是适当减少花量，促生春梢。所以，提倡重剪，以疏剪为主，短截为辅。其修剪方法：一是疏剪。按去弱留强、删密留疏的原则，疏剪密生枝、并生枝、丛生枝、郁闭枝、病虫枝和交叉枝，着生在侧枝上的内膛枝，可每隔10～15厘米保留1枝。同一基枝上并生2～3枝结果母枝，可疏剪最弱的1枝。同时，疏除树冠上部和中部郁闭大枝1～2个，实施"开天窗"，使光照进入树冠内膛，改善树体通风透光条件。二是短截。因大年树能形成花芽的母枝过多，可疏除1/3弱母枝，短截1/3强母枝，保留1/3中庸母枝，以减少花量，促发营养生长。三是回缩。回缩衰弱枝组和落花落果枝组，留剪口更新枝。

②夏季修剪　一是疏花。4月下旬开花时，摘去发育不良和病虫危害的畸形花。二是疏果。在7月上中旬第二次生理落果结束后，按25～30：1的叶、果比进行疏果，控制过多挂果。三是剪

枝。即在7月中旬左右,对树冠外围枝条进行适度重剪,短截部分结果枝组和落花落果枝组,促发秋梢,增加小年结果母枝。一般在放秋梢前20天,对落花落果枝、叶细枝短弱的衰退枝组,在约0.6厘米粗壮枝处短截,留下约10厘米长的枝桩,促使抽生2~3条标准秋梢。剪除徒长枝和病虫枝,回缩衰弱枝和交叉枝,每树剪口在50~60个及以上,使其有足够数量枝梢成为翌年结果母枝。四是扭枝。在9~10月份秋梢停止生长后,对长、壮的夏、秋梢进行扭枝和大枝环割,促进花芽分化,增加翌年花量、提高花质,克服大小年结果。

③冬季修剪 冬剪以疏剪为主、短截为辅,对枯枝、病虫枝、过密阴生枝进行疏剪,对细弱、无叶的光秃枝多进行剪除,以减少无效花枝。徒长枝要短截,留下约10厘米枝桩以抽发营养春梢。

(2)小年结果树的修剪

①春季修剪 小年结果树的春季修剪主要是尽量保留较多的枝梢,保留当年花量,对夏、秋梢和内膛的弱春梢营养枝,能开花结果的尽量保留;适当抑制春梢营养枝的抽生,避免因梢、果矛盾冲落幼果。原则是提倡轻剪,尽可能保留各种结果母枝。其修剪方法:一是疏剪。疏剪枯枝、病虫枝、受冻后枯枝、过弱的郁闭枝。在3月下旬现蕾时,根据花量,按"三除一、五除二"原则,去弱留强,疏除丛状枝。二是短截。短截树冠外围的衰弱枝组和结果后的夏、秋梢结果母枝。剪口注意选留饱满芽,以便更新枝群。三是回缩。回缩结果后的果梗枝。

②夏季修剪 一是控梢。在3月下旬抹去部分春梢;在4月下旬,对还未自剪的春梢强行摘心,防止旺长;在5月下旬至7月上旬,每隔5~7天抹去夏梢1次,以防夏梢旺长,冲落幼果。二是环割。在4月末盛花期至5月初谢花期,在主枝或副主枝基部,根据树势环割1~2圈。三是剪枝。在7月中旬生理落果结束后进行夏季修剪,对当年落花落果枝、弱春梢和内膛衰退枝等多采取短

截约 0.6 厘米粗的枝,留约 10 厘米的枝桩,促发标准的秋梢。同时,疏去部分未开花结果的衰弱枝组和密集枝梢,短截交叉枝,使树冠通风透光,枝梢健壮,提高产量。

③冬季修剪 保留强壮枝,只剪去枯枝、无叶枝及病虫枝,对树冠的衰退枝要多疏剪,衰老枝要回缩。

第七章　砂糖橘花果管理技术

目前栽种的砂糖橘树一般都是嫁接树，较易成花，通常在栽植第二年即可开花结果。一些管理好的砂糖橘园，栽后翌年即可丰产；但管理差的砂糖橘园，却因开花过多，落果、裂果严重，坐果率低，品质差；甚至一些砂糖橘树因树势强，营养生长过旺，常常出现长树不见花或迟迟不开花的现象。因此，生产中应采取促花、保果技术措施，从而达到高产稳产、优质高效的栽培目的。

一、促花技术

(一)物理调控

物理调控的主要目的在于抑制砂糖橘树体的营养生长，促使树体由营养生长向生殖生长转化。主要措施有断根、刻伤和控水。

1. 断根　砂糖橘是多年生常绿果树，在深厚的土层中，根系发达。通过断根处理，可以降低根系的吸收能力，减少树体对土壤中水分、矿质营养的吸收量，从而达到抑制树体营养生长和明显的促花效果。具体方法：对于长势旺盛的砂糖橘树，在 9～12 月份，沿树冠滴水线下挖宽约 50 厘米、深 30～40 厘米、长随树冠大小而定的小沟，挖至露出树根为止。露根时间为 1 个月左右(图 7-1)，露根结束后进行覆土。对水田、平地根系较浅的果园，幼龄结果树可在树冠滴水线两侧犁或深锄 25～30 厘米深，断根并晒根至中午秋叶微卷、叶色稍褪绿时覆土，或在树冠四周全园深耕约 20 厘米深。成年结果树，若树上不留果，则在采果后全园浅锄 10 厘米左右，锄断表面吸收根，达到控水目的。应注意的是断根促花措施，只适合于冬暖、无冻害或少冻害的地区采用,其他产区不宜采用。

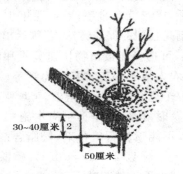

图 7-1　开沟断根示意图

1. 沟宽 50 厘米　2. 沟深 30~40 厘米

2. 刻伤　砂糖橘树通过叶片光合作用,制造大量的有机营养物质,供根系生长所需。通过树体刻伤处理,使韧皮部筛管的输送功能受阻,就可以减少有机营养物质向根系的输送。这样一方面,根系生长需要的有机营养物质减少,抑制了根系生长,使根系吸收的矿质营养、水分和产生的促进生长激素减少,达到了控制树体营养生长的目的,减少了树体营养消耗。另一方面,增加了有机营养物质在树体内的积累,提高了细胞液的浓度,有利于树体成花。刻伤的方法主要有环割、环剥、环扎、扭枝等。

(1)环割　用利刀,如电工刀,对主干或主枝的韧皮部(树皮)环割 1 圈或数圈,切断皮层(图 7-2)。环割后,因只割断了韧皮部,不伤及木质部,阻止了有机营养物质向下转移,使光合产物积累在环割部位上部的枝叶中,改变了环割口上部枝叶养分和激素平衡,促进了花芽分化。环割适用于幼龄旺长树或难成花壮旺树,若对老树、弱树采用环割进行控梢促花,往往会因控制过度而出现黄叶、不正常落叶,或树势衰退。环割方法:砂糖橘树可于 12 月中旬进行环割,幼龄结果树可环割主干;青年结果树可环割主、分枝 1

圈。环割深度以刀割断韧皮部不伤及木质部为度,割后 7～10 天即见秋梢叶片褪绿,成花就有希望;若至翌年 1 月中旬仍不褪绿,可再割 1 次。环割是强烈的促花方法,若割后出现叶片黄化,可喷施叶面肥 2～3 次,可选择能被植物快速吸收和利用的叶面肥,如康宝腐殖酸液肥、农人液肥、氨基酸、倍力钙等。如果在喷叶面肥中加入 0.04 毫克/千克芸薹素内酯溶液,可增强根系活力,效果更好;若出现落叶要及时淋水,春季提早灌水施肥,以壮梢壮花。生产中应注意环割后不能喷施石硫合剂、松脂合剂等刺激性强的药剂,喷施 10～20 毫克/千克 2,4-D 与 0.3%磷酸二氢钾或核苷酸混合液,可极大地减少不正常落叶。

切断皮层

图 7-2 环　割

　　(2)环剥　对强旺树的主枝或侧枝,选择其光滑的部位,用利刀环剥 1 圈(0.5～1 厘米)或数圈(图 7-3)。环剥通常在 9 月下旬至 10 月上旬进行,环剥宽度一般为被剥枝粗度的 1/10～1/7,剥后及时用塑料薄膜包扎好环剥口,保持伤口清洁,促进愈合。经环剥后,阻止了有机营养物质向下转移,使营养物质积累在树体中,提高了树体的营养水平,有利于花芽分化。

图 7-3　环　剥

（3）环扎　对生长强旺的树,可采用环扎(图 7-4),即用 14～16 号铁丝对强旺树的主枝或侧枝选较圆滑的部位结扎 1 圈,扎的深度以使铁丝嵌入皮层 1/2～2/3、不伤及木质部为宜。幼龄结果树可扎主干,树干粗大的树则可扎粗 3～4 厘米的枝干,扎后 40～45 天叶片由浓绿转为微黄时拆除铁丝。经环扎后,妨碍了有机营养物质的输送,增加了环扎口以上枝条的营养积累,有利于枝条的花芽分化。

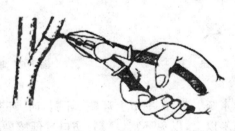

图 7-4　环　扎

（4）扭枝（弯枝）　幼龄砂糖橘树容易抽生直立强枝、竞争枝,初结果树易出现较直立的徒长枝,要促使这类枝梢开花结果,除进

行环割（环剥）外，还可采取扭枝或弯枝措施进行处理。扭枝，是秋
梢老熟后，在强枝颈部用手扭转 180°（图 7-5）。弯枝，是用绳索或
塑料薄膜带将直立枝拉弯，待叶色褪至淡绿色时即可解缚（图 7-
6）。扭枝和弯枝能损伤强枝输导组织，起到缓和长势、促进花芽分
化的作用。具体方法：对长度超过 30 厘米以上的秋梢或徒长性直
立秋梢，应在枝梢自剪后老熟前采用扭枝（弯枝）处理，以削弱长
势，增加枝梢内养分积累，促使花芽形成。待处理枝定势、半木质
化后，即可松绑缚。

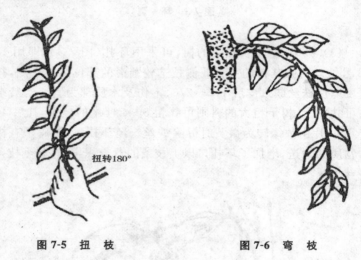

图 7-5　扭　枝　　　　　图 7-6　弯　枝

　　（5）注意事项　　①在主干上环割（环剥）时，环割（环剥）口应
离地面 25 厘米以上，以免环割（环剥）伤口过低感染病害。主枝上
环割（环剥）要在便于操作的位置上进行，以免因操作不顺畅影响
环割（环剥）质量。②环割（环剥）所用的刀具，应用酒精或 5.25%
次氯酸钠（漂白粉）10 倍液进行消毒，以免传播病害。③环割（环
剥）后，需要加强肥水管理，以保持树势健壮。④环割（环剥）后约

10天可见树体枝条褪绿,视为有效。⑤环割(环剥)宜选择晴天进行,如环割(环剥)后阴雨连绵,要用杀菌剂涂抹伤口,对伤口加以保护。⑥环割(环剥)是强烈的刻伤方法,若处理后出现落叶,要及时淋水喷水。⑦环割(环剥)作为促花的辅助措施,不能连年使用,以防树势衰退。

3. 控水　砂糖橘生长所需要的水分和无机营养物质,主要是通过根系从土壤中吸收;而根系生长所需要的有机营养物质,主要是靠地上部分叶片光合作用所提供,而水分对于矿物质的溶解与吸收、有机物的合成与分解等均起到重要作用,因此水分参与砂糖橘树的整个生长与发育全过程。水分胁迫时,造成砂糖橘吸水量减少,从土壤中吸收的无机养料也下降,直接影响到树体的代谢过程,尤其是当茎部氮素和磷素含量显著降低时,蛋白质合成受到影响,影响了细胞分裂,阻碍了新器官的分生和生长。同时,水分胁迫时,叶片气孔关闭,降低二氧化碳的吸收量,叶绿素含量下降,叶片的光合作用及碳水化合物代谢也受到影响。树体在适度的水分胁迫条件下,抑制了营养生长,积累了更多的有机营养,增加了氨基酸的含量,有利于花芽分化。但水分胁迫过重,树体严重缺水时,会造成树体内许多生理代谢受到严重破坏,形成不可逆的伤害。这就是树体在严重缺水时,出现枯萎死亡的原因。

砂糖橘生长发育所需的水分,主要靠根系吸收,树体对土壤中水分的吸收能力,除了与其根系生长发育有关外,主要与土壤的含水量、土壤通气性有关。土壤过于干燥、含水量少会制约根系的吸水能力;反之,土壤过湿,造成土壤通气不良,使根系生长受到抑制,也会影响其吸收能力。水分胁迫主要是通过降低土壤含水量的方法,即控制水分制约根系的吸水能力,达到控制营养生长的目的。由于砂糖橘树体内含水量减少,细胞液浓度提高,可以促进砂糖橘花芽分化。

(二)化学调控

砂糖橘花芽分化与树体内激素的调控作用关系密切。在花芽生理分化阶段,树体内较高浓度的赤霉素对花芽分化有明显的抑制作用,而低浓度的赤霉素则有利于花芽分化。生产上使用多效唑促进砂糖橘花芽分化,是通过抑制体内赤霉素的生物合成,有效地降低了树体内的赤霉素和生长素的浓度,提高了树体内细胞分裂素和脱落酸的含量,从而抑制树体的营养生长,积累较多的营养物质,有利于花芽分化。具体方法:长势强旺的砂糖橘树,在秋梢老熟后的 11 月中旬左右,树冠喷施 15% 多效唑 300 倍液(即 500毫克/升),每隔 25 天喷 1 次,连续喷施 2~3 次。也可用 15% 多效唑溶液,按每平方米树冠 2 克,对水浇施树盘,土施多效唑持效期长,可 2~3 年施 1 次。

(三)栽培技术调控

砂糖橘花芽形成,是由叶芽向花芽转化的过程,花芽分化时间在冬季砂糖橘果实开始转黄期间进行,也就是 11 月中下旬开始。在此前落叶的植株无花,在此后落叶的植株有花。若在这一时期短截秋梢等末级枝,翌年就无花,故秋梢在果实转黄期后千万不能随意短截。花芽形成最多的时期是在春芽萌动前数周,结束时间在春芽萌动的 2 月上中旬。砂糖橘树花芽分化的好坏与栽培技术管理密切相关,一些管理技术好的砂糖橘园,花芽分化好,表现为丰产稳产;而一些管理条件差的砂糖橘园,已到投产期的砂糖橘树却因树势差,不开花或开花少;有些砂糖橘园,却因树势强,营养生长过旺,只见长树不见花或少花。施肥是影响砂糖橘花芽分化的重要因素,对树势旺花量少或成花难的砂糖橘树,应控制氮肥的用量,增加磷、钾肥的比例,做到科学施肥。砂糖橘花芽分化需要氮、磷、钾及微量元素,而过量的氮素又会抑制花芽的形成。尤其是肥水充足的砂糖橘园,大量施用尿素等氮肥会使树体生长过旺,从而使花芽分化受阻。而多施磷肥可促使砂糖橘幼龄树提早开花,在花芽生理分化期,叶面喷施磷、钾肥(磷酸二氢钾)可促使花芽分化,增加花量,这对旺树尤其有效。生产中要求施好采果肥,这不仅影响翌年砂糖橘花的数量和质量,还影响翌年春梢的数量和质量,同时对恢复树势、积累养分、防止落叶、增强树体抗寒越冬能力具有积极的作用。砂糖橘花芽生理分化一般在8~10月份开始,此时补充树体营养有利花芽分化。采果肥秋施,每株可施三元复合肥 0.25 千克、尿素 0.25 千克,也可用 0.3%~0.5%尿素＋0.3%磷酸二氢钾或新型叶面肥(叶霸、绿丰素、农人液肥、氨基酸、倍力钙等)叶面喷施 2~3 次,每隔 7~10 天喷 1 次。

二、保果技术

(一)生理落果现象

砂糖橘花量大,落花落果严重,正常的落花落果是树体自身对生殖生长与营养生长的调节,对维持树势有很重要的作用。砂糖橘虽然开花多,但大量花果脱落,通常坐果率为 1%~2%,低的可在 1%以下,生产中要采取措施,减少前期落果,提高坐果率。砂糖橘落花落果从花蕾期便开始,一直延续至采收前。根据花果脱落时的发育程度,将落花落果期分为 4 个主要阶段,即落蕾落花期、第一次生理落果期、第二次生理落果期和采前落果。砂糖橘落蕾落花期从花蕾期开始,一直延续至谢花期,持续 15 天左右。通常在盛花期后 2~4 天进入落蕾落花期,江西赣南为 3 月底至 4 月初。盛花期后 1 周为落蕾落花高峰期。谢花后 10~15 天,往往子房不膨大或膨大后变黄脱落,出现第一次落果高峰,即在果柄的基部断离,幼果带果柄脱落,也称第一次生理落果,可持续 1 个月左右。在江西赣南,第一次落果高峰出现在 5 月上中旬。第一次生理落果结束后 10~20 天,又在子房和蜜盘连接处断离,幼果不带果柄脱落,出现第二次落果高峰,也称第二次生理落果,一直延续至 6 月底结束。江西赣南出现在 5 月下旬,6 月底第二次生理落果结束。第一次落果比第二次严重,一般砂糖橘第一次生理落果比第二次生理落果多 10 倍。通常情况下,坐果率也只有 2%~3%。砂糖橘生理落果结束后,在果实成熟前还会出现一次自然落果高峰,称采前落果。通常在 8~9 月份产生裂果,自然裂果率达 10%,如遇久旱降雨或雨水过多或施磷肥过多,裂果率还会增加,砂糖橘因裂果引起的落果高达 20%。

(二)落果原因

1. 生理落果的内在因素 引起砂糖橘落花落果的内在因素:一是没有受精。砂糖橘因花粉和胚囊败育,自身没有受精过程,未受精的子房容易脱落。二是胚和胚乳不能正常发育,胚珠退化,这是砂糖橘第一次生理落果的主要原因。

(1)树体营养欠缺 树体营养是影响砂糖橘坐果的主要因素。砂糖橘形成花芽时,若营养跟不上,花芽分化质量差,不完全花比例增大,常在现蕾和开花过程中大量脱落。据观察:营养状况好的砂糖橘树,营养枝和有叶花枝多,坐果率较高;而营养不良的衰弱树,营养枝和有叶花枝均少,坐果率在 0.5% 以下,甚至坐不住果。砂糖橘大量开花和落花,消耗了树体储藏的大量养分,到生理落花落果期,树体中的营养已降到全年的最低水平,而这时新叶逐渐转绿、不能输出大量光合产物给幼果,使幼果养分不足而脱落。尤其在春梢、夏梢大量抽发时,养分竞争更趋激烈而加重了落果。在幼果发育初期,低温阴雨天气多,光照严重不足,光合作用差,呼吸消耗有机营养多,幼果发育营养不足,造成大量落果,极易产生花后不见果的现象。

(2)内源激素不足　砂糖橘经授粉受精后,胚珠发育成种子,子房得到由种子分泌的生长素而发育成果实。由于生长素的缘故,受精的花、果不易脱落,坐果率高,种子也增多;种子少或种子发育不健全的果实容易落果。砂糖橘果实多数有籽,每瓣有1~3粒种子。砂糖橘能单性结实,形成无核砂糖橘,无核砂糖橘因果实无核或仅有极少种子,或种子发育不健全,幼果中往往缺少生长素,内源激素满足不了幼果生长的需要,这是造成落果多、坐果率低的主要原因。当果实中生长素含量减少时发生落果,而赤霉素含量增高有利于坐果,这是因为高浓度的赤霉素增强了果实调运营养物质的能力。因此,应用植物生长调节剂影响树体内源激素,可防止落果和增大果实。但在生产实践中,应采取有机营养为主、植物生长调节剂为辅的保果途径。

　　2.生理落果的外界条件

　　(1)气候条件不佳　开花前后的气温对砂糖橘坐果率影响很大。春季,连续低温阴雨天气,光照严重不足,光合作用差,合成的有机物质少,花器和幼果生长发育缺少必要的有机营养,畸形花多,造成大量落花落果;开花坐果期低温阴雨,影响昆虫活动,不利于传粉,雄性花粉活力差,雌性花柱头黏液被雨水淋失,授粉受精不良,造成落花落果;夏季干热风,极易引起落花落果。4月底至5月初,气温骤然上升,高达30℃以上,使花期缩短,子房发育质量差,内源激素得不到充分的积累,使第一次生理落果更加严重。6月份异常高温频繁出现,并伴随有干热风,有时气温高达35℃以上,光合强度明显下降,有机营养物质积累少,高温干热风易破坏树体内的各种代谢活动,产生生理干旱,引发水分胁迫。水分胁迫时,树体内的生长素含量下降,脱落酸和乙烯含量升高,促使离层的产生,加剧第二次生理落果。空气湿度,尤其是砂糖橘开花和幼果期的空气湿度,对坐果影响也很大,一般空气相对湿度在65%~75%,砂糖橘坐果率较高。

（2）栽培措施不当　栽培管理好的砂糖橘园，树势强，功能叶片多，叶色浓绿，有叶花枝多，落花落果少，坐果率高，表现为丰产；而一些管理差的砂糖橘园，已到投产期的却因树势弱、叶色差，有机营养不足，导致落果。土壤施肥，是补充树体无机营养的主要途径。树体缺肥，叶色差，叶片光合作用形成的有机产物少，树体营养不足，坐果率低；而施肥足的砂糖橘树，叶色浓绿，花芽分化好，芽体饱满，落花落果少，坐果率高。氮肥施用过量，肥水过足，常常引起枝梢旺长，会加重落花落果，故芽前肥的施用应根据树势而定，若树势旺、结果少，可少施或不施；树势中庸、花量多的树，2 月上旬每株可施尿素 0.25～0.5 千克或三元复合肥 0.5 千克。夏梢萌发前（5～7 月份）避免施肥，尤其是避免氮肥的施用，以免促发大量夏梢而加重生理落果。砂糖橘是忌氯果树，不能施氯肥，否则氯中毒会导致落果。在施促秋梢肥时，营养元素搭配不合理，氮素过多，又遇上暖冬或冬季雨水多时，则会抽发大量冬梢，消耗树体过多养分，树体营养不足，引起落花落果。

另外，生产上应避免使用伤叶严重的杀虫剂，在农药施用过程中应严格掌握使用浓度、天气情况等，避免发生药害、伤叶伤果，而造成大量落果。

（3）病虫害及灾害性天气　在花蕾期直至果实发育成熟，病虫害会导致落花落果，如生产中看到的灯笼花，就是花蕾蛆危害而引起的落花；金龟子、象鼻虫等危害的果实，轻者幼果尚能发育成长，但成熟后果面出现伤疤，严重的引起落果；介壳虫、锈壁虱等危害的果实，果面失去光亮，果实变酸，直接影响果实品质和外观。此外，红蜘蛛、卷叶虫、蟓象、吸果夜蛾以及溃疡病、炭疽病等直接或间接吮吸树液，啮食绿叶，危害果实，均可引起严重落果。台风暴雨、冰雹等袭击果实，落果更加严重。

（三）保果措施

1. 增加树体营养保果

（1）加强栽培管理增强树势　加强栽培管理,增强树势,提高光合效能,积累营养是保果的根本。凡树势强健或中庸,枝梢粗壮充实、长度适中,叶片厚,叶色浓绿,根系发达,坐果率则高,表现为丰产优质。要达到强健的树势,必须深翻扩穴,增施有机肥,改良土壤结构,为根系创造良好的生长环境。重施壮果促梢肥,每株可施饼肥 2.5～4 千克、三元复合肥 0.5～1 千克,配合磷、钾肥,促发大量强壮的秋梢,作为翌年良好的结果母枝,是提高坐果率、克服大小年结果的有效措施。为防止夏梢大量萌发,在 5 月份停止施氮肥,尤其是不能施含氮量高的速效肥。对于树势较弱、挂果较多的树,若在谢花时已适量施肥,夏季只要进行叶面施肥就可以了。此外,加强病虫害防治,尤其是要做好急性炭疽病的防治,防止异常落叶,对提高树体营养积累、促进花芽分化、增强树体的抗性极为重要。入冬后加强树体防冻,在低温来临前及时采取防冻措施,保护叶片安全越冬。

（2）喷施营养液　营养元素与坐果有密切的关系,如氮、磷、钾、镁、锌等元素对砂糖橘坐果率提高有促进作用,尤其是对树势衰弱和表现缺素症的植株效果更好。砂糖橘开花期消耗了大量树体营养,谢花期营养含量降至全生育期最低点,此时急需要补充营养。可在现蕾前 15 天施以氮肥为主的促花肥,用 0.3%～0.5% 尿素与 0.2%～0.3% 磷酸二氢钾混合液,或用 0.1%～0.2% 硼砂＋0.3% 尿素混合液,在开花坐果期叶面喷施 1～2 次,有助于花器发育和受精完成。也可在盛花期,施以复合肥为主的谢花肥,供幼果转绿必需的营养元素镁、锌、硼、磷及钾等,叶面喷施液体肥料,如农人液肥 800～1 000 倍液,补充树体营养,保果效果显著。此外,用新型高效叶面肥,如叶霸、绿丰素(高 N)、氨基酸、倍力钙等叶面喷施 2～3 次,每隔 7～10 天喷 1 次,其营养全面,也具有良好的保果效果。

2. 修剪保果

(1)抹除部分春梢营养枝　幼龄结果树、青壮年树,疏除过旺的春梢,在梢自剪前按"三去一、五去二"的原则疏去部分新梢。同时,在春梢长至 15 厘米时,采取摘心处理。成年砂糖橘结果树发枝力强,易造成枝叶郁闭,对花量过大的植株,应采取以疏为主、疏缩结合的方法,改善树体光照条件。春季在花蕾现白时进行疏剪,剪除部分密集细弱短小的花枝和花枝上部的春梢营养枝,除去无叶花序花,以减少花量,节约养分,有利于稳果,可提高坐果率。

(2)抹除夏梢　在砂糖橘第二次生理落果期控制氮肥施用,避免大量抽发夏梢。夏梢抽发期(5～7 月份)每隔 3～5 天抹除 1 次夏梢。也可在夏梢萌发至 3～5 厘米时,用"杀梢素"每包加水 15 升,充分搅拌后喷于嫩梢叶片上,或喷施 500～800 毫克/千克多效唑溶液,控制夏梢,以免与幼果争夺养分、水分而引起落果。

(3)培养健壮秋梢结果母枝　砂糖橘春梢、夏梢、秋梢一次梢,春夏梢、春秋梢、夏秋梢二次梢,强壮的春夏秋三次梢,均可成为结果母枝,但幼龄树以秋梢作为主要结果母枝。随着树龄增长,春梢结果母枝的比例逐渐增长,进入盛果期后,则以春梢母枝为主。因此,加强土肥水管理和夏季修剪,培育健壮优质的秋梢结果母枝,是提高成年结果树产量的有效措施之一。可在放梢前 15 天左右进行夏剪,对无结果的衰弱枝群,采用短截修剪,促剪口潜伏芽萌发。剪口粗 0.5 厘米左右,短截时留下约 10 厘米(通常 3～4 片叶)高的枝桩。5 年生树、挂果约 40 千克,单株剪口可达 80 个左右。通常,每个剪口可抽生 3 条左右长 20 厘米的健壮秋梢,如果 1 条基梢超过 3 条秋梢应疏梢。夏剪前重施壮果促梢肥,秋梢肥占全年总肥量的 40%左右,分 3 次施用:第一次,梢前 30～45 天施 1 次有机肥,每株可施饼肥 2.5～4 千克。第二次,为确保秋梢抽发整齐健壮,放梢前 15 天施速效氮肥。即在施完壮果攻秋梢肥的基础上,结合抗旱浇施 1 次速效水肥。例如,1～3 年生幼树可每株浇施 0.05～0.1 千克尿素＋0.1～0.15 千克三元复合肥,或 10%～20%枯饼浸出液 5～10 千克＋0.05～0.1 千克尿素;4～5 年生初结果树开浅沟(见须根即可)株施 0.1～0.2 千克尿素＋0.2～0.3 千克三元复合肥,肥土拌匀浇水,及时盖土保墒;6 年生以上成年结果树,株施 0.15～0.25 千克尿素＋0.25～0.5 千克三元复合肥,有条件的果园可每株浇 10～15 千克腐熟稀粪水或枯饼浸出液。第三次,在吐梢齐至自剪时施壮梢肥。以后连续抹芽2～3 次(每 3～4 天抹 1 次),7 月底至 8 月初统一放秋梢。具体放梢时间各地应根据具体情况灵活掌握,但原则是所放秋梢要能充分老熟。另外,在梢转绿期进行根外追肥,干旱时要适当灌水,促梢转绿充实。放梢后还应注意加强病虫害防治,主要防治溃疡病、炭疽病、潜叶蛾、红蜘蛛等。

3. 施用植物生长调节剂保果　目前用于砂糖橘保花保果的植物生长调节剂较多,主要有天然芸薹素(油菜素内酯)、赤霉素(GA_3)、细胞分裂素(BA)及新型增效液化剂($BA＋GA_3$)等。

(1)天然芸薹素(油菜素内酯)　剂型有 0.15%乳油、0.2%可溶性粉剂。砂糖橘谢花 2/3 或幼果 0.4～0.6 厘米大小时,用 0.15%天然芸薹素乳油 5 000～10 000 倍液进行叶面喷施,每 667 米² 用药液 20～40 千克,具有良好的保果效果。生产中应注意该药剂不能与碱性农药、化肥混用,喷后 4 小时内遇雨应重喷,在气温为 10℃～30℃时施用效果最佳。

(2)赤霉素(GA_3)　砂糖橘谢花 2/3 时,用 50 毫克/千克(即 1 克加水 20 升)赤霉素溶液喷布花果,2 周后再喷 1 次;5 月上旬疏去劣质幼果,用 250 毫克/千克(1 克加水 4 升)赤霉素溶液涂果 1～2 次,可提高坐果率。涂果比喷果效果好,若在使用赤霉素的同时加入尿素,保花保果效果则更好,即开花前用 20 毫克/千克赤霉素溶液加 0.5％尿素喷布。注意事项：①本品在干燥状态下不易分解，遇碱易分解，其水溶液在 60℃以上条件下易失效。因此，配好的溶液不宜久贮，即使放入冰箱，也只能保存 7 天左右；不可与碱性肥料、农药混用。②气温高时赤霉素作用发生快，但药效维持时间短；气温低时作用慢，药效持续时间长。最好在晴天午后喷布。③根据目的适时使用，否则不能达到预期目的，甚至得到相反的效果，使用浓度过高引起果实畸形。④赤霉素不是肥料，不能代替肥料，但施用时必须配合充足的肥水。若肥料不足，会导致叶片黄化，树势衰弱。⑤赤霉素可与叶面肥混用，如与 0.5％尿素液、0.2％过磷酸钙或 0.2％磷酸二氢钾溶液混用，可提高效果，应尽可能将药液喷在果实上。⑥使用赤霉素易引起新梢徒长，应慎重。

（3）细胞激动素（BA）　细胞激动素，也叫细胞分裂素，剂型有 0.5％乳油、1％及 3％水剂、99％原药。砂糖橘谢花 2/3 或幼果 0.4～0.6 厘米大小时，用细胞激动素 200～400 毫克/千克（2％细胞激动素 10 毫升加水 50～25 升）喷果。注意事项：①不得与其他农药混用。②喷后 6 小时内遇雨宜重喷。③烈日和光照太强，对细胞激动素有破坏作用，在早、晚施药效果较好。

（4）新型增效液化剂（BA＋GA_3）　中国农业科学院柑橘研究所研究表明：用细胞激动素防止柑橘第一次生理落果有明显效果，提出了用赤霉素和细胞激动素防止柑橘生理落果的方法，在第一次生理落果前（谢花后 7 天），即果径为 0.4～0.6 厘米时，用细胞激动素 200～400 毫克/千克加赤霉素 100 毫克/千克溶液涂果，具有良好的保果效果。防止第二次生理落果，单用细胞激动素无效，在第一次生理落果高峰后、第二次生理落果开始前保果，用赤霉素 50～100 毫克/千克溶液树冠喷施或用 250～500 毫克/千克溶液涂果，效果良好。实验充分说明：第一次生理落果与细胞激动素有关，第二次生理落果与细胞激动素无关，而两次生理落果均与赤霉素有关,但赤霉素防止第一次生理落果效果比细胞激动素差。

新型增效液化剂有喷布型和涂果型两种。喷布型的喷布方法不同,保果效果也不同,整株喷布效果较差,对花、幼果进行局部喷布效果好,专喷幼果效果更好。涂果型是指将果实表面均匀涂湿,其优点是果实增大均匀、增大效果明显,但速度较慢。砂糖橘谢花 2/3 时,全树喷 1 次 100 毫克/千克增效液化剂或 50 毫克/千克赤霉素,效果显著。在谢花 5～7 天用 100 毫克/千克增效液化剂加 100 毫克/千克赤霉素涂幼果或用小喷雾器喷幼果,效果更好。

注意事项:①花量少的树宜采用涂果型增效液化剂涂果,在谢花时涂 1 次,谢花后 10 天左右涂第二次;花量一般树可在盛花末期先用喷布型增效液化剂微型喷布 1 次,谢花 7 天后用涂果型增效液化剂选生长好的果实涂 1 次;对于花量较大、花的质量又较好的树,可在谢花时用喷布型增效液化剂普通喷布 1 次,谢花 10 天左右用微型喷布 1 次。②涂果优于微型喷布,整株喷布效果较差。

4. 环剥、环割、环扎保果

(1)环剥保果　花期、幼果期,用电工刀等利刀,选择主干或主枝光滑部位的韧皮部(树皮)环剥 1 圈或数圈,可有效地减少落果。经环剥处理后,因只割断韧皮部,不伤及木质部,阻止了有机营养物质向下转移,使光合产物积累在环剥部位上部的枝叶中,改变了环剥口上部枝叶养分和激素平衡,促使营养物质流向果实,提高幼果的营养水平,有利保果。具体方法:花期、幼果期在主干或主枝的韧皮部(树皮)上环剥 1 圈,环剥宽度一般为被剥枝粗度的1/10～1/7,环剥深度以不伤及木质部为宜。剥后及时用塑料薄膜包扎好环剥口,以保持伤口清洁、湿润,有利于伤口愈合。通常环剥后约 10 天即可见效,1 个月可愈合。若剥后出现叶片黄化,可喷施叶面肥 2～3 次,宜选择能被植物快速吸收和利用的叶面肥,如康宝腐殖酸液肥、农人液肥、氨基酸、倍力钙等。如果在叶面肥中加入 0.04 毫克/千克芸薹素内酯,增强根系活力,效果更好。出现落叶时,要及时淋水,春季提早灌水施肥,以壮梢壮花。环剥后不能喷石硫合剂、松脂合剂等刺激性强的农药,可喷施 10～20 毫克/千克2,4-D＋0.3％磷酸二氢钾或核苷酸混合液,以减少不正常落叶。

(2)环割保果 花期、幼果期,用环割刀或电工刀绕主干或主枝环割 1 个闭合圈(宽度 1～2 毫米),深达木质部,将皮层剥离。经环割处理后,因韧皮部受损,阻止了有机营养物质向下转移,使光合产物积累在处理部位上部的枝叶中,促使营养物质流向果实,提高了幼果的营养水平,有利于保果。具体方法:花期、幼果期在主干或主枝的韧皮部(树皮)上环割 1 圈,环割深度以不伤及木质部为宜。若割后出现落叶,要及时淋水,并喷施 10～20 毫克/千克2,4-D＋0.3％磷酸二氢钾或核苷酸等混合液。

值得注意的是,环剥(环割)所用的刀具,最好用 75％酒精或5.25％漂白粉 10 倍液消毒,避免病害传播。环剥(环割)后,需要加强肥水管理,以保持树势健壮。环剥(环割)后约 10 天可见树体枝条褪绿,视为有效。环剥(环割)宜选择晴天进行,如环剥(环割)后阴雨连绵,要用杀菌剂涂抹伤口加以保护。

(3)环扎保果 在第二次生理落果前 7～10 天进行环扎保果,即用 14 号铁丝对强旺树的主干或主枝选较圆滑的部位环扎 1 圈,扎的深度为使铁丝嵌入皮层 1/2～2/3,环扎 40～45 天叶片由浓绿转为微黄时拆除铁丝。经环扎后,妨碍了有机营养物质的输送,增加了环扎口之上枝条的营养积累,促使营养物质流向果实,提高了幼果的营养水平,有利于保果。

三、优质果培育技术

(一)优质果与经济效益

砂糖橘优质果是指果实色泽鲜艳,果形美观,果实扁圆形,果形指数(纵径/横径比)为 0.75,果实横径为 4.5～5 厘米,单果重 40～45 克,果皮橘红色,果顶部平,顶端浅凹,柱痕呈不规则圆形,蒂部微凹。果皮薄而脆,油胞突出明显、密集,似鸡皮,皮厚约 0.2 厘米,易剥离。瓣瓣 7～10 个、大小均匀、半圆形,中心柱大而空虚,汁胞短胖,呈不规则多角形,橙黄色。果肉细嫩,果汁丰富,芳香强烈,风味浓甜,化渣,无核,可溶性固形物 13%～15%。果面平滑、有光泽,无病虫斑点,无日灼、伤疤、裂口、刺伤、擦伤、碰压伤及腐烂现象。

随着市场经济的发展和生活水平的提高,人们对果品的要求也越来越高,高产优质才有高效,在保证一定产量的前提下,努力提高果品的优质率,对提高产值至关重要。

(二)优质果培育措施

1. 选择优良品种　目前普通砂糖橘,虽然果实品质优良,但存在种子多、果实大小不均等问题。由芽变选种,选育出了多个品种品系,尤其是无核砂糖橘的选育成功,克服了种子过多的问题,提高了果实品质,增加了市场竞争力。目前,首推无(少)核砂糖橘新品种品系。

2. 连片栽植,生产无核砂糖橘　砂糖橘实行集中连片栽植,不与多核品种混种,均表现为无核或少核,无论是几十年树龄的老产区,还是新开垦种植的新产区,均已在生产实践中得到了证实。一旦与多核品种混种,则果实有核或核增多现象明显,而且生产出来的果品,果皮增厚,品质降低。提高优质果品率,要求生产经营者必须进行严格的规划,实行连片种植,并远离其他柑橘品种园。同时,栽种无核砂糖橘果苗,只需间隔 15 米的距离,就能有效地防止品种间传粉,生产出无核或少核的砂糖橘果品。

3. 综合农业技术措施

(1)合理调控肥水 砂糖橘园普遍存在偏施氮肥、忽视有机肥与绿肥、肥料元素搭配不合理等问题。为了提高果实品质,要注重科学施肥,氮、磷、钾肥合理施用,增施微量元素,提倡施用有机肥、绿肥,尤其以麸饼肥、禽畜粪肥等为佳。减少氮肥的施用量,肥料元素合理搭配,保持土壤疏松、湿润,不旱不涝,以增强树势,改进果实品质,提高果实的商品价值。有机肥的施用量应占施肥量的 50% 以上,增施有机肥除了改进果实内在品质外,还对增加果实着色、矫正果树缺素症具有明显的效果。适当增施磷肥能减少果实含酸量,使果皮薄,皮光滑,色橘红艳丽,是生产优质砂糖橘果的主要措施之一。为使成年结果树营养元素供应均衡,氮、磷、钾三要素配比控制在 1∶0.5∶0.8 为好。若氮、钾比超过此范围,则果皮粗厚,而且味偏酸,果实不耐贮藏(因为氮、钾过高会使果皮二次发育,果皮粗厚),果个增大,果实皮厚疏松。在果实膨大期出现异常高温干旱天气、旱情严重时,砂糖橘树卷叶,果实停止膨大,果皮干缩;若突降大雨,果实迅速膨大,果皮大量吸水,白皮层水分饱和发胀,极易引起裂果。最有效的预防办法就是配套水利设施,解决水源,干旱发生时能及时灌溉,有效地降低叶温,减少裂果的发生,提高商品果率;若雨水过多(春、夏季),要及时排除积水,以免影响果实的生长发育。秋季干旱不仅严重影响砂糖橘的产量,而且降低了果实品质,表现为果皮粗厚,表皮凸凹不平、无光泽,剥皮时果皮易碎,外形差,果汁少。因此,秋旱时及时灌水,对提高产量和果实品质至关重要。砂糖橘果实成熟时,若遇连续降雨,果实可溶性固形物含量可下降 2%,还会因果肉吸水、风味变淡,失去该品种固有的品质,并伴随出现浮皮。若能保持土壤适度干燥,则可提高果实甜度。因此,采果前10天左右,果园停止灌水,有利于提高果实品质和耐贮性。

(2)疏花疏果　砂糖橘花量大,为节约养分、利于稳果,可在春季剪除部分生长过弱的结果枝,疏除过多的花朵和幼果,减少养分消耗,保证果品商品率。如果砂糖橘结果过多,不仅果实等级下降、效益变差,而且影响翌年结果,也影响树势。故采取疏果措施特别是稳果后的合理疏果是必要的。砂糖橘果实横径4.5～5厘米,单果重40～45克,其商品价值较高,深受消费者欢迎。但幼龄树结出的果实往往超出此标准,大果较多,生产中可通过夏剪促梢,将树冠外部单顶大果疏掉,促发多条第二次夏梢或秋梢,逐步减弱强枝结大果的现象。若丰产树结果过多、果实细小时,应进行控制花量修剪,可在花露白时剪去纤弱的无叶花枝,以减少细果的数量。砂糖橘疏果宜在稳果后进行人工摘除,疏果时应注意首先疏去畸形果、特大特小、病虫果、过密果、果皮缺陷和损伤果。

(3)植物生长调节剂的应用　生产上使用植物生长调节剂保果效果明显,如在砂糖橘谢花2/3时,用中国农业科学院柑橘研究所生产的增效液化剂每瓶(10毫升)加水12.5～15升对幼果进行树冠喷布,每隔15天喷1次,连喷2次,具有明显的增产效果。值得注意的是,植物生长调节剂使用不当,反而会危害果实,如过多使用赤霉素保果,会出现粗皮、大果、贪青、不化渣等现象,浮皮果增多,影响果实品质。因此,要达到既增产又改善果实品质的目的,就必须科学地应用植物生长调节剂。例如,砂糖橘果皮着色,是由于果皮中叶绿素的降解和胡萝卜素的积累,生产上可用植物生长调节剂,如乙烯利、2,4-D和赤霉素等调节果皮中胡萝卜素的含量,从而促进砂糖橘果实着色,提高果实品质。

(4)合理修剪　一般树冠郁闭树其内膛枝结的果实风味淡、色泽及品质差,这是因为光照不足所致。对于成年砂糖橘结果树,因发枝力强,极易造成树冠郁闭,树体通风透光条件差,树势早衰,产量和品质不断下降。因此,成年砂糖橘树应采取以疏为主、疏缩结合的修剪方法,采用回缩修剪、疏剪、"开天窗"等措施,增加树冠通风透光性,打开光路,给树体创造良好的光照条件,有利于果实着色。对于密植果园树冠相互交叉时,对计划间伐的植株应进行强度回缩修剪,直至将植株移走,光照得到改善。也可在果园地上铺反光膜,增加反射光,以改善密植果园光照条件。通过合理修剪,疏除树冠内的过密枝、弱枝和病虫枯枝,去掉遮阴枝,改善树体通风透光,有利于光合作用,积累养分,增加果实含糖量,改进果实风味品质和果实着色,提高商品价值。

(5)防病防虫 砂糖橘多种病虫都会危害果实,影响果实外观,商品价值低。例如,砂糖橘疮痂病、溃疡病、黑斑病、黑点病(沙皮病)、灰霉病、煤烟病、油斑病等引起的果面缺陷,金龟子、象鼻虫等危害的果实,严重的引起落果,危害轻的幼果尚能发育成长,但成熟后果面出现伤疤,影响商品果率;而介壳虫和锈壁虱等危害的果实,果面失去光亮,果实变酸,直接影响果实品质和外观。因此,生产中要及时防治病虫害,以提高优质果率。

(6)合理使用农药 在防治病虫害时,尤其是使用杀虫剂防治虫害时,要严格掌握农药的使用浓度和时间。这是因为杀虫剂多数为有机合成农药,极易损伤幼果,特别是在高温季节。例如,盛夏气温高时使用波尔多液,极易破坏树体水分平衡,损伤果实表面,出现"花皮果",影响果实品质与外观,商品价值下降。

(7)适时采收,确保果实品质 砂糖橘采收期应根据果实的成熟度来确定,采收达到成熟度的砂糖橘,能充分保持该品种果实固有的品质。适时采收,应按照砂糖橘果鲜销或贮藏所要求的成熟度进行,过早采收,果实内部营养成分尚未完全转化形成,影响果品的产量和品质;采收过迟,也会降低品质,增加落果,容易腐烂不耐贮藏。11月中下旬果皮完全着色,表现为淡橘红色至橘红色,用于贮藏或早期上市的果品,在淡橘红色时采收为最适期。

(三)裂果及防止措施

1. 裂果现象 砂糖橘裂果一般从 8 月初开始,裂果盛期出现在 9 月初至 10 月中旬,自然裂果率达 10％,如遇久旱后降雨或雨水过多或施磷肥过多,裂果率还会增加,因裂果引起的落果率高达 20％。通常情况下,裂果出现在果皮薄、着色快的一面,最初呈现不规则裂缝,随后裂缝扩大,囊壁破裂露出汁胞。有的年份裂果可持续至 11 月份。

2. 裂果原因 砂糖橘裂果,除了与品种特性有关外,还与树体营养、激素水平、气候条件和栽培技术措施有关。

（1）内在因素

①树体营养　树体健壮,储藏的碳水化合物多,花芽分化质量高,有叶花枝多,花器发达,则裂果较少。树体营养差,花芽分化质量差,无叶花枝多,花质差,则裂果较多。大年树开花多,消耗树体营养多,裂果多。

②内源激素　赤霉素可促进细胞伸长和组织生长,细胞分裂素可促进细胞分裂,在裂果发生期,树冠喷施植物生长调节剂,增加体内激素水平,可减少裂果的发生。

③果皮诱因　果实趋向成熟,果皮变薄,果肉变软,果汁增多,并不断地填充汁胞,果汁中糖分增加,急需水分,果实内膨压增大,果肉发育快于果皮,果皮强度韧性不够,果皮易受伤而裂果。

（2）外界条件

①气候条件　夏秋高温干旱,果皮组织和细胞被损伤;秋季降雨或灌水,果肉组织和细胞吸水活跃迅速膨大,而果皮组织不能同步膨大生长,导致无力保护果肉而裂果。久旱突降暴雨,会引起大量裂果。因此,果实生育期的气象、气温、灌水、控水和降雨等因素

都与裂果有关。

②栽培技术措施　生产中为了使果实变甜,通常多施磷肥,磷肥多钾肥少,会使果皮变薄。适当增加钾肥的用量,控制氮肥的用量,可增加果皮的厚度,使果皮组织健壮,可减轻裂果。因此,施肥不当,尤其是磷肥施用过多、钾肥用量少的砂糖橘园,果实中磷含量高,钾含量低,易导致裂果。管理差的砂糖橘园,树势弱,裂果较多,尤其是根群浅的斜坡园更易裂果。

3. 防止裂果措施

(1)加强土壤管理,干旱及时灌水　加强土壤管理,深翻改土,增施有机肥,增加土壤有机质含量,改善土壤理化性质,提高土壤的保水性能,尽力避免土壤水分的急剧变化,可以减少砂糖橘的裂果。遇上夏秋干旱要及时灌溉,以保持土壤不断向砂糖橘植株供水。久旱,应采用多次灌水法,一次不能灌水太多;否则,不但树冠外围裂果增加,还会增加树冠内膛的裂果数。通常在灌水前,先喷有机叶面肥,如叶霸、绿丰素(高 N)、氨基酸、倍力钙等,使果皮湿润先膨大,可减少裂果的发生。有条件的地方,最好采用喷灌,改变果园小气候,提高空气湿度,避免果皮过分干缩,可较好地防止裂果。缺乏灌溉条件的果园,宜在 6 月底前进行树盘覆盖,减少水分蒸发,缓解土壤水分交替变化幅度,可减少裂果。

(2)科学施肥　为使果实变甜,常多施磷肥,这样磷肥多钾肥少,会使果皮变薄而产生裂果,故生产中应科学施肥,氮、磷、钾肥合理搭配。适当增加钾肥的用量,控制氮肥的用量,可增加果皮的厚度,使果皮组织健壮,以减轻裂果。在花期、幼果期,树冠喷施叶面肥,如康宝腐殖酸液肥、农人液肥、氨基酸、倍力钙等,可防止裂果,如果在喷叶面肥时加入 0.04 毫克/千克芸薹素内酯则效果更好。在壮果期,株施硫酸钾 0.25～0.5 千克,或叶面喷施 0.2～0.3%磷酸二氢钾或 3%草木灰浸出液,以增加果实含钾量;酸性较强的土壤,增施石灰,增加土壤的钙含量,有利提高果皮的强度;同时,补充硼、钙等元素,可有效地减少或防止裂果,可在开花小果期喷 0.2％硼砂溶液。实践证明:叶面喷施高钾型绿丰素 800～1 000 倍液,或倍力钙 1 000 倍液对砂糖橘裂果有较好的防止效果。

(3)合理疏果　疏除多余的密集、畸形、细小、病虫危害的劣质果,提高叶果比,既可提高果品商品率,又可减少裂果。

(4)应用植物生长调节剂　防止砂糖橘裂果的植物生长调节剂有赤霉素、细胞分裂素等。在裂果发生期,树冠喷施 20～30 毫克/千克赤霉素加 0.3％尿素或加 0.04 毫克/千克芸薹素内酯喷施,每隔 7 天喷 1 次,连续喷施 2～3 次。也可用赤霉素 150～250 毫克/千克涂果,或用细胞激动素 500 倍液喷施。

第八章 砂糖橘病虫害防治技术

一、主要病害及防治

危害砂糖橘的病害很多,常见的有黄龙病、裂皮病、溃疡病、炭疽病、疮痂病、树脂病、脚腐病、黄斑病、黑星病、煤烟病、根结线虫病等。

(一)黄龙病

黄龙病又名黄梢病,是砂糖橘的重要病害,为国际、国内检疫对象。植株感染黄龙病后,幼龄树常在 1~2 年死亡,结果树则会因患病树势衰退,丧失结果能力,直至死亡,并传播蔓延,是毁灭性病害,对砂糖橘生产危害极大。柑橘黄龙病为细菌性病害,远距离传播靠带病苗木或接穗,田间传播媒介是柑橘木虱。

1. 危害特点 黄龙病在砂糖橘的枝、叶、花果和根部均表现症状,春梢发病轻,夏、秋梢发病重,症状明显。

(1)枝叶症状 初期病树上的少数顶部梢在新叶生长过程中不转绿,表现为均匀黄化,也就是通常所说的"黄梢",春、夏、秋梢均发病,俗称"插金花"。叶片上则表现为褪绿转黄,叶质硬化发脆,即为黄化叶。黄化叶有 3 种类型:一是均匀黄化叶。初期在春、夏、秋梢均发生,叶片均匀黄化、叶硬化、无光泽,叶片都在翌年春发芽前脱落,以后新梢叶片再不出现均匀黄化。二是斑驳型黄化叶。叶片转绿后,叶脉附近开始黄化,呈黄绿相间的斑驳,黄化的扩散在叶片基部更为明显,最后叶片黄绿色黄化。三是缺素状黄化叶。病树抽出生长比较弱的枝梢叶片,在生长过程中呈现缺素状黄化,类似缺锌、缺锰的症状,叶厚而细小、硬化,称为"金花叶"。

（2）花果症状　发病后,翌年春季开花早,无叶花比例大,花量多。花小而畸形,花瓣短小肥厚、略带黄色,有的柱头常弯曲外露,小枝上花朵往往多个聚集成团,这种现象果农称为"打花球",这些花最后几乎全部脱落,仅有极少数能结果。果实小或畸形,略呈长圆形,成熟时果肩暗红色,而其余部位的果皮为青绿色,称为"红鼻果"。果皮变软、无光泽,与果肉不易分离,汁少味酸,着色不均匀。

（3）根部症状　初发病根部正常,后期病树根系出现腐烂现象。

2. 防治方法

（1）严格实行检疫制度　新发展的无病区砂糖橘园,不得从病区引入砂糖橘苗木及接穗,一经发现病株应及时彻底烧毁,防止病原传入、蔓延扩散。

（2）建立无病苗圃　特别是新发展砂糖橘园,坚持从无病区采集接穗、引进苗木,并要求做到自繁自育,保证苗木健康无病。从外地采集接穗,特别是从病区带来的接穗,需要用49℃湿热空气处理50分钟,取出用冷水降温后迅速嫁接。苗圃应建立在无病区或隔离条件好的地区,或采用网棚全封闭式育苗。

（3）加强栽培管理　根据果园不同土地条件,重视结果树的肥水管理。在树冠管理上,采用统一放梢,使枝梢抽发整齐,坚持一年两剪,控制树冠,复壮树势,调节挂果量,保持树势壮旺,提高抗病力。此外,对初发病的结果树用1 000毫克/千克盐酸四环素或青霉素注射树干,有一定防治效果。

（4）及时处理病树　果园一经发现黄龙病,立即挖除,集中烧毁。挖除病树前,应对病树及附近植株喷洒40％乐果乳油1 000倍液防治柑橘木虱,以免从病树向周围转移传播。发病率10％以下的砂糖橘园,挖除病株后可用无病苗补植;重病园则全园挖除。

对轻病树,也可用四环素治疗,方法是在主干基部钻孔,孔深为主干直径的 2/3 左右,然后从孔口用加压注射器注入药液,每株成年树注射 1 000 毫克/千克盐酸四环素溶液 2～5 升。幼龄树及初结果树的果园在挖病树后半年内补种,盛产期的果园则不考虑补种,重病区要在整片植株全部清除 1 年后才可重新建园。

(5)及时防治木虱　木虱是黄龙病的传病昆虫,要及时防治。柑橘木虱产卵于嫩芽上,若虫在嫩芽上发育,应采用抹芽控梢技术使枝梢抽发整齐,并于每次嫩梢期及时喷有机磷药剂保护。可用 40%乐果乳油 1 000～2 000 倍液,或 90%晶体敌百虫 800 倍液,或 200 倍鱼藤浸出液,或松脂合剂 15～20 倍液防治木虱。一般在嫩芽期喷药 2 次,在冬季清园时喷施可杀灭成虫。

(二)裂皮病

裂皮病又称剥皮病、脱皮病,为病毒病害,在砂糖橘产区均有发生。对感病砧木和砂糖橘植株均可造成严重危害。

1. 危害特点　受害植株砧木部树皮纵向开裂,部分外皮剥落,树冠矮化,新枝少而弱,叶片少而小、多为畸形,叶肉黄化,类似缺锌症状,部分小枝枯死。病树开花多,但畸形花多,落花落果严重,产量显著下降。

2. 防治方法　①杜绝病原。严禁从病区调运苗木和剪取接穗,防止裂皮病传入无病区。②采用无毒接穗培育苗木,或经预热处理后再进行茎尖嫁接育苗,以脱毒。③用于嫁接、修剪的工具可用 10%漂白粉液浸泡 1～2 秒钟消毒。④对症状明显、生长势弱和无经济价值的病树应及时挖除。

(三)溃疡病

1. 危害特点　溃疡病在砂糖橘的枝、叶、果上都表现症状。

(1)叶片症状　叶片上先出现针头大小的浓黄色油渍状斑,扩大后呈圆形斑,接着叶片正反两面隆起呈海绵状,顶部稍有褶皱。随后病斑中部破裂、凹陷,呈火山口状开裂,木栓化,粗糙,病斑多为近圆形、直径 3～5 毫米,常有轮纹或螺纹,边缘呈油渍状,病斑周围有黄色晕环,而叶片一般不变形。

(2)枝梢症状　枝梢的病斑比叶片病斑更为凸起,木栓程度更重,火山口状开裂更为显著。病斑圆形、椭圆形或聚合呈不规则形,有时病斑环绕枝 1 圈使枝枯死。病斑周围有油腻状外圈,但无黄色晕环。病斑颜色与叶部类似。

(3)果实症状　果实病斑中部凹陷龟裂和木栓化程度比叶部更显著,病部只限于果皮,不发展到果肉,病斑一般大小 5～12 毫米。初期病斑呈油胞状半透明凸起、浓黄色,其顶部略皱缩;后期病斑,在病、健部交界处常常有 1 圈褪色釉光的边缘,有明显的同心轮状纹,中间有放射状裂口。青果上病斑有黄色晕圈,果实成熟后晕圈消失。

叶片和果实感染溃疡病后,常引起大量落叶落果,导致树势减弱,产量下降,降低果实品质。

2. 防治方法

(1)严格实行检疫制度　新发展的无病区砂糖橘园,不得从病区引入砂糖橘苗木及接穗,一经发现病株应及时彻底烧毁。带菌种子用 55℃～56℃ 热水浸种 50 分钟杀菌,或用 5% 高锰酸钾溶液浸 15 分钟,或用 1% 甲醛溶液浸 10 分钟,然后用清水洗净,晾干播种。

(2)采用无病苗木　建立无病苗木繁育体系,采用无毒接穗培育苗木,或经预热处理后,再进行茎尖嫁接育苗脱毒。

(3)彻底清园　冬季结合修剪,剪除病枝、病叶,清除地面病果,集中烧毁,减少病原,并在地面和树上喷 0.8～1 波美度石硫合剂,或 90% 克菌壮可湿性粉剂 1 500 倍液。

(4)药剂防治　抓住新叶展开期(芽长 2 厘米左右)和新叶转

绿时、幼果期、果实膨大期、大风暴雨后等防治适期进行喷药防治。幼龄树以喷药保梢为主,在新梢萌芽后嫩叶展叶时(梢长 1.5～3 厘米)第一次喷药,叶片转绿期第二次喷药。结果树则以保果为主,幼果期每隔 15 天喷药 1 次,台风和降雨前后应增加喷药次数。药剂可选用 77%氢氧化铜悬浮剂 5 000～6 000 倍液,或 30%氧化铜 600 倍液,或 25%噻枯唑可湿性粉剂 1 000 倍液,或 72%硫酸链霉素可溶性粉剂 2 500 倍液＋1%酒精,或 3%金核霉素水剂 300 倍液,或 45%代森铵水剂 700 倍液,注意交替轮换用药。

(5)其他措施　结合抹芽放梢和防治潜叶蛾、蜗牛,减少枝、叶伤口,防止病菌入侵,减轻病害。在果实膨大期(7 月份至采收前),应尽量少用波尔多液等铜制剂,以免果实表面产生药斑,影响商品价值。

(四)炭疽病

1. 危害特点

(1)叶片症状

①叶斑型　又称慢性型,多发生在成长叶片或老叶的近叶缘或叶尖处,干旱季节发生较多。发病时,在叶尖或叶缘先端先显出近圆形或不规则形、稍凹陷浅灰褐色或淡黄褐色病斑,后变黄褐色或褐色病斑,病斑逐渐扩大呈圆形、半圆形或不规则形。病斑与健部天气干燥时界限明显,阴雨潮湿时则不明显。后期天气潮湿时,斑点上出现许多朱红色黏性液点,天气干燥时病斑呈灰白色,出现密布同心轮纹状排列的小黑点,为本病特征。病叶脱落较慢,后期或干燥时病斑中部变为灰白色,表面密生明显轮纹状或不规则排列的微突起小黑点。

②叶腐型　又称急性型,主要发生在雨后高温季节的幼嫩叶片上,病叶腐烂,很快脱落,常造成全株性落叶。多从叶缘或叶尖开始,主脉初呈淡青色而带暗褐色的如同被沸水烫伤样的小斑,后

小斑迅速扩展成水渍状、边缘不清晰的波纹状、近圆形或不规则形大病斑,其边缘与健部界限不明显,可波及大半个叶片,病叶很快脱落。在潮湿时病斑上会产生很多朱红色黏质小液点或小黑粒点。

③叶枯型　又称落叶型,发病部位多在上年生老叶或成长叶片叶尖处,在早春温度较低和多雨时,树势较弱的砂糖橘树发病严重,常造成大量落叶。初期病斑呈淡青色而稍带暗褐色,渐变为黄褐色,整个病斑呈"V"形,上面有许多红色小点。

(2)枝梢症状

①慢性型　一种情况是从枝梢中部的叶柄基部腋芽处或受伤处开始发病,病斑初为褐色椭圆形,后渐扩大为长菱形稍凹陷,当病斑扩展到环绕枝梢1周时,病梢由上而下呈灰白色或淡褐色枯死,其上产生小黑粒点状分生孢子盘。2年生以上的枝条因皮色较深,病部不易发现,必须削开皮层方可见到,病梢上的叶片往往卷缩干枯,经久不落。若病斑较小而树势较强时,则随枝条的生长病斑周围产生愈伤组织,使病皮干枯脱落,形成大小不等的菱形或长条状病症;另一种情况是受冻害或树势衰弱的枝梢,发病后常自上而下呈灰白色枯死,枯死部位长短不一,与健部界限明显,其上密生小黑粒点。

②急性型　刚抽发的嫩梢顶端3～10厘米处突然发病,似沸水烫伤状,3～5天后枝梢和嫩叶凋萎变黑,上面生橘红色黏质小液点。

(3)果实症状

①僵果型　一般在幼果直径为10～15毫米大小时发病,初生暗绿色、油渍状、稍凹陷的不规则病斑,后扩大至全果。天气潮湿时长出白色霉层和橘红色黏质小液点,以后病果腐烂变黑、干缩成僵果,悬挂树上不落或脱落。

②干疤型　在比较干燥条件下发生。大多在果实近蒂部至果

腰部分生圆形、近圆形或不规则形的黄褐色至深褐色稍凹陷病斑，病斑皮革状或硬化、边缘界限明显，一般仅限于果皮，成为干疤状。

③泪痕型　在连续阴雨或潮湿条件下，大量病菌通过雨水从果蒂流至果顶，侵染果皮形成红褐色或暗红色微突起小点组成的泪痕状或条状斑，不侵染果皮内层，仅影响果实外观。

④果腐型　主要发生在贮藏期果实和果园湿度大时近成熟的果实上。大多从蒂部或近蒂部开始发病，病斑初为淡褐色水渍状，后变为褐色至深褐色并腐烂。在果园烂果脱落，或失水干缩成僵果，经久不落。湿度较大时，病部表面产生灰白色，后变灰绿色的霉层，其中密生小黑粒点或橘红色黏质小液点。

2. 防治方法

(1)加强栽培管理，增强树势　炭疽病是一种弱性寄生菌，只有在树体生长衰弱的情况下才能侵入危害。树体营养好，抵抗力强的树发病轻或不发病。因此，注意果园排水，适当增施钾肥，避免偏施氮肥，培育强健的树势，是提高树体抗病能力的根本途径。

(2)彻底清园　搞好采果后至春芽前的清园，及时剪除患病枝梢，清除园内枯枝落叶，集中烧毁，减少病原。冬季清园后全面喷施 1 次 0.8～1 波美度石硫合剂加 0.1％洗衣粉，或 20％石硫合剂乳膏剂 100 倍液，杀灭存活在病部表面的病菌，可兼治其他病虫害。

(3)药剂防治　在春、夏、秋梢嫩叶期，特别是在幼果期和 8～9 月份果实成长期，每隔 15～20 天，各喷药 1～2 次预防。药剂可选用 0.5％等量式波尔多液，或 80％代森锰锌可湿性粉剂 600～800 倍液，或 70％甲基硫菌灵可湿性粉剂 800～1 000 倍液，或 50％胂·锌·福美双可湿性粉剂 500～700 倍液，或 50％多菌灵可湿性粉剂 800～1 000 倍液。发病后选用 75％百菌清可湿性粉剂＋70％硫菌灵可湿性粉剂(1∶1)1 000 倍液，或 25％咪鲜胺乳油 1 000 倍液喷施防治。

(五)疮 痂 病

我国砂糖橘产区均有发生,造成叶片扭曲畸形,果小畸形,引起大量幼果脱落,直接影响到砂糖橘的产量和品质。

1. 危害特点　砂糖橘疮痂病主要危害嫩叶、嫩梢和幼果。在叶片上初期产生油渍状黄色小点,以后病斑逐渐增大,颜色也随之变成黄褐色。后期病斑木栓化,多数病斑呈圆锥状向叶背面突出,叶面则呈凹陷状、形似漏斗。新梢嫩叶尚未充分长大时受害,则常呈焦枯状而凋落。空气湿度大时病斑表面长出粉红色分生孢子盘。病斑散生或连片,疮痂病危害严重时,叶片常呈畸形,叶粗糙、扭曲。嫩枝被害后枝梢变短,严重时呈弯曲状,但病斑突起不明显。果上病斑在谢花后即可发现,开始为褐色小点,以后逐渐变为黄褐色木栓化突起,严重时幼果脱落。受害严重的果实较小、厚皮,果面粗糙,味酸,甚至于变成畸形,多易脱落。疮痂病是由一种半知菌引起的,病菌通过风雨或昆虫传播,侵染嫩枝叶及幼果。春梢期低温阴雨,发病较重。夏梢期因气温高一般不发病。幼嫩组织易感病,而老熟组织较抗病。

2. 防治方法

(1)严格实行检疫制度　严禁将病区的接穗和苗木引入新区和无病区。病区的接穗用50%苯菌灵可湿性粉剂800倍液,或40%三唑酮可湿性粉剂800倍液浸泡30分钟,有很好的预防效果。

(2)加强栽培管理　严格控制肥水,在抹芽开始时或放梢前15~20天,通过施用腐熟有机液肥和充分灌水,使梢抽发整齐而健壮,缩短幼嫩期,减少病菌侵入机会。剪去病枝病叶,抹除晚秋梢,集中烧毁,以减少病原。

(3)药剂防治　本病病原菌只能在树体组织幼嫩时侵入,组织老化后即不再感染,故应在每次抽梢开始时及幼果期喷药保护。

一般来说由于春梢数量多,此期又处于多阴雨天气,疮痂病最为严重。夏秋梢发病较轻,生产中仅保护春梢即可,因此疮痂病防治仅在春梢与幼果时各喷 1 次药,共喷 2 次即可。第一次在春梢萌动期,芽长不超过 2 毫米时进行;第二次在花落 2/3 时进行。药剂可选用 80%代森锰锌可湿性粉剂 600~800 倍液,或 77%氢氧化铜悬浮剂 800 倍液,或 40%三唑酮可湿性粉剂 600 倍液,或 30%氧氯化铜悬浮剂 600 倍液,或 50%多菌灵可湿性粉剂 600~1 000 倍液,或 50%硫菌灵可湿性粉剂 500~800 倍液,或 70%甲基硫菌灵可湿性粉剂 600~1 000 倍液,或 75%百菌清可湿性粉剂 500~800 倍液,或 75%百菌清可湿性粉剂+70%硫菌灵可湿性粉剂(1∶1) 1 000 倍液。

(4)彻底清园　结合冬春修剪剪除病枝叶,并收集地上枝叶一起烧毁,然后用 30%氧氯化铜悬浮剂 600 倍液对树上、地面全面喷药预防。

(六)树 脂 病

树脂病在砂糖橘产区均有发生。本病原菌侵染枝干所发生的病害叫树脂病或流胶病;侵染果实使其在贮藏时腐烂叫蒂腐病;侵染叶和幼果所发生的病害叫砂皮病。发生严重时,降低产量,甚至整株枯死。

1. 危害特点

(1)流胶型　温度低、湿度大时,枝干感病时有水疱状病斑突起,流出淡褐色至褐色类似酒糟气味的胶液,呈现暗色油渍状病斑,皮层呈褐色,后变茶褐色硬胶块。严重时枝干树皮开裂,黏附胶块状,干枯坏死,导致枝条或全株枯死。剖开死皮层内常出现小黑点。

(2)干枯型　高温干燥时病部皮层呈红褐色,干枯略下陷,微有裂缝,不立即剥落,无明显流胶现象,病斑四周有明显的隆起疤痕。

（3）蒂腐病　成熟果实发病时，病菌大部分由蒂部侵入，病斑初呈水渍状褐色斑块，以后病部逐渐扩大，边缘呈波状，并变为深褐色。病菌侵入果内由蒂部穿心至果顶，使全果腐烂。在贮藏期果实蒂部上发生的水渍状褐斑，叫褐色蒂腐病。

（4）砂皮病　病菌侵染嫩叶和小果后，在果皮和叶表面产生许多黄褐色或黑褐色硬胶质小粒点，散生或密集成片，使表面粗糙，似黏附许多细砂粒，故也叫黑点病。

树脂病是一种真菌性病害。翌年春季潮湿多雨时，病枝上的病菌开始萌发和侵染，借风雨、昆虫等传播，由伤口侵入到内部。没有伤口的嫩枝叶和幼果，病菌侵染受阻，分布在寄主的表皮层，形成胶质小黑点。病害全年均可发生，尤其是 6～10 月份雨水较多、温度在 15℃～25℃时发生较重。通常老树、生长衰弱或受伤以及被红蜘蛛、介壳虫严重危害的成年树，或因干旱、冻害造成树皮裂口的树易受害。

2. 防治方法

（1）加强栽培管理　采果前后及时施以有机肥为主的采果肥，增强树势。酸性土壤的果园每 667 米^2 施石灰 70～100 千克，成年树也可每株施钙镁磷肥 0.25 千克，以中和土壤酸性。冬季做好防冻工作，如刷白、培土、灌水等，防止树皮冻裂。早春结合修剪，剪去病梢枯枝，集中烧毁，减少病原。

（2）树干刷白和涂保护剂　盛夏高温防日灼、冬天寒冷防冻可采用涂白的方法。涂白剂由石灰 1 千克、食盐 50～100 克，加水 4～5 升配成。

（3）保护枝干　田间作业时注意防止机械损伤，预防冻伤，修剪时剪口要平滑。注意防治病虫害，特别是钻蛀性害虫，如天牛、吉丁虫等，以减少枝干伤口，减轻病菌侵入。大风雨容易造成枝条断伤，因而在每次大风雨过后，均要及时喷 1 次 70％敌磺钠可溶性粉剂 600～800 倍液，以减少伤口感染流胶病。

砂糖橘栽培 10 项关键技术

（4）刮除病部 每年春暖后彻底刮除发病枝干上的病组织。小枝条发病时，将病枝剪除烧毁。主干或主枝发病时，用刀刮去病部组织，将病部与健部交界处的黄褐色带刮除干净，然后先用 75％酒精或 1％硫酸铜或乙蒜素乳油 100 倍液消毒，再用 70％甲基硫菌灵或 50％多菌灵可湿性粉剂 100 倍液，或 8％～10％冰醋酸，或 80％代森锌可湿性粉剂 20 倍液涂抹。也可用接蜡涂抹伤口进行保护。全年涂抹 2 期（5 月份和 9 月份各 1 期），每期涂抹 3～4 次。

（5）药剂防治 用刀在病部纵划数刀，超出病部 1 厘米左右，深达木质部，纵刻线间隔约 0.5 厘米，然后均匀涂药。药剂可选用 70％甲基硫菌灵可湿性粉剂 50～80 倍液，或 50％多菌灵可湿性粉剂 100～200 倍液，或 80％代森锰锌可湿性粉剂 20 倍液，或 53.8％氢氧化铜可湿性粉剂 50～100 倍液，每隔 7 天涂 1 次，连涂 3～4 次。采果后全园喷 1 波美度石硫合剂 1 次；春芽萌发前喷 53.8％氢氧化铜可湿性粉剂 1 000 倍液；谢花 2/3 及幼果期喷 1～2 次 50％甲基硫菌灵可湿性粉剂 500～800 倍液，以保护叶片和树干。新梢生长旺盛期，可用 50％多菌灵可湿性粉剂或 70％甲基硫菌灵可湿性粉剂 1 000 倍液喷 1～2 次，每隔 15 天喷 1 次。

（七）脚 腐 病

脚腐病又称裙腐病、烂蔸病，是一种根颈病害。

1. 危害特点 此病危害主干基部及根系皮层，病斑多数从根颈部开始发生，初发病时，病部树皮呈水渍状，皮层腐烂后呈不规则的黄褐色，有酒糟味，常流出胶质。气候干燥时，病斑干裂，病部与健部的界限较为明显；温暖潮湿，病部常流出胶液。高温多雨时，病斑迅速向纵横扩展，使树干 1 圈均腐烂；向上蔓延至主干基部离地面 20 厘米左右；向下蔓延至根群，引起主根、侧根、须根大量腐烂，上下输导组织被割断，造成植株枯死。病株全部或大部分大枝的叶片,其侧脉呈黄色,以后全叶转黄,造成落叶,枝条干枯。病重树大量开花结果,果实早落,或小果提前转黄,果皮粗糙,味酸。脚腐病由几种病菌侵染引起,4～9月份均可发病,7～8月份发病最严重。在高温多雨、水位高、排水不良、树皮受伤、种植时根颈被埋,特别是嫁接口过低的易发病。选酸橘或红橘、枳作砂糖橘砧木的较抗病,而用红柠檬作砧木的易发病。

2. 防治方法

(1)选用抗病砧木 选用具有较强抗病性的枳、酸橘或红橘作砧木,栽植时嫁接口要露出地面。对已发病树可选用枳砧进行靠接换砧。

(2)加强栽培管理 搞好果园土壤改良,雨季来临时注意开沟排水,防止果园积水。加强病虫害防治,尤其是天牛、吉丁虫等害虫防治。中耕时避免损伤树皮,尽量减少伤口,防止病菌从伤口侵染。

(3)药剂防治 发现新病斑应及时涂药治疗。可采用浅刮深刻涂药法,即先刨去病部周围泥土、浅刮病斑粗皮,使病斑清晰显现,再用利刀在病部纵向刻划,深达木质部,每条间隔1厘米左右,然后涂药。药剂可选用20%甲霜灵可湿性粉剂或65%噁霜·锰锌可湿性粉剂或58%甲霜·锰锌可湿性粉剂200倍液,或90%三乙膦酸铝可湿性粉剂100倍液,或70%甲基硫菌灵可湿性粉剂100～150倍液,或50%多菌灵可湿性粉剂100倍液,或1:1:10波尔多液,或2%～3%硫酸铜液。待病部伤口愈合后,再覆盖河沙或新土。

(八)黄斑病

黄斑病是砂糖橘产区近年来发病较严重的一种病害。黄斑病主要危害叶片和果实,发病严重时造成大量落叶落果,影响树势生长,果实失去商品价值。

1. 危害特点 黄斑病有 3 种类型。一是脂点黄斑型。发病初期叶片背面出现粒状单生或聚生的黄色小点,随着叶片长大,病斑扩大变为疱疹状淡黄褐色或黑褐色,透到叶片正面,形成不规则的黄色斑块,叶片正反面皆可见,病斑中央有黑色颗粒,叶片正面出现不规则褪绿黄斑,多发生在春梢叶片上。二是褐色小圆星型。病斑较大,初期表面生赤褐色稍突起如芝麻大小的病斑,以后稍扩大,中央微凹,呈不规则黄褐色圆形或椭圆形。后期病斑中间褪为灰白色,边缘黑褐色,稍隆起。叶片背面出现针尖大小突起的褐色小圆点,圆点周围现黄圈,多发生在秋梢叶片上。三是混合型。叶片正、背面均现脂点黄斑型病斑以及褐色小圆星型病斑,多发生在夏梢叶片上。黄斑病是一种真菌病害,病菌在病叶中越冬,翌年春天由风雨传播到春梢嫩叶上。一般 4 月份开始发病,5 月中旬发病最烈,秋旱后病斑最为明显,春梢发病较严重。肥水条件好,树势旺盛,发病轻,落叶不严重;老龄树发病重,幼龄树、成年树发病轻。

2. 防治方法

(1)加强栽培管理 多施有机肥,增加磷、钾肥的比例,促进树势生长健壮,提高抗病能力。

(2)彻底清园 结合冬季修剪,剪除病枝病叶,清除地面落叶,集中烧毁,减少病原。

(3)药剂防治 春季结合防治炭疽病,用药兼防。在花落 2/3 时喷 80%代森锰锌可湿性粉剂 600～800 倍液,或 50%多菌灵可湿性粉剂 800～1 000 倍液,或 70%甲基硫菌灵可湿性粉剂 800～1 000 倍液,或 75%百菌清可湿性粉剂 500～700 倍液。在梅雨季节前喷 1 次百清·多菌灵可湿性粉剂(多菌灵 6 份混合百菌清 4 份)800 倍液,1 个月后再喷 1 次,有较好的防治效果。

（九）黑 星 病

黑星病又称黑斑病,主要危害砂糖橘果实,叶片、枝梢受害较轻。果实受害后,不但降低品质,而且外观差。在贮运期果实受害易变黑腐烂,造成很大损失。

1. 危害特点 发病时,在果面上形成红褐色小斑,扩大后呈圆形,直径 1～6 毫米,以 2～3 毫米的较多。病斑四周稍隆起,呈暗褐色至黑褐色,中部凹陷呈灰褐色,其上有黑色小粒点,一般危害果皮,黑点多时可引起落果。在枝叶上产生的病斑与果实上的相似。黑星病是真菌引起的病害,病菌以菌丝体或分生孢子在病斑上过冬,经风雨、昆虫传播。高温有利于发病,干旱时发病少。砂糖橘较橙类易感病,3～4 月份侵染幼果,病菌潜伏期长,受害果7～8 月份才出现症状,9～10 月份为发病盛期。春季高温多雨、遭受冻害、树势衰弱、伤口多、果实采收过晚均有利于发病。

2. 防治方法

（1）加强栽培管理 加强栽培管理,注意氮、磷、钾肥比例搭配,增施有机肥料,使树体生长良好,可提高抗病能力。

（2）彻底清园 结合冬季修剪,剪除病枝病叶,清除地面落叶、落果,集中烧毁,减少越冬病原。

（3）药剂防治 花瓣脱落后 1 个月喷药,每隔 15 天左右喷药1 次,连喷 2～3 次。药剂可选用 0.5：1：100 波尔多液,或 80%代森锰锌可湿性粉剂 600～800 倍液,或 30%氧氯化铜悬浮剂 700倍液,或 40%腈菌唑可湿性粉剂 4 000～6 000 倍液,或 10%混合氨基酸铜络合物水剂 250～500 倍液,或 40%硫磺·多菌灵悬浮剂 600 倍液,或 14%络氨铜水剂 300 倍液,或 50%乙霉威可湿性粉剂 1 500 倍液,或 50%多菌灵可湿性粉剂 1 000 倍液,或 50%甲基硫菌灵可湿性粉剂 500 倍液,或 50%苯菌灵可湿性粉剂 2 000倍液,或 80%代森锌可湿性粉剂 600 倍液。

(十一)根结线虫病

根结线虫病在砂糖橘产区时有发生。线虫侵入须根,使根组织过度生长,形成大小不等的根瘤,导致根腐烂、死亡。果树受害后,长势衰退,产量下降,严重时失收。

1. 危害特点 发病初期,线虫侵入须根使其膨大,初呈乳白色,以后变为黄褐色的根瘤。严重时须根扭曲并结成团饼状,最后坏死,失去吸收能力。危害轻时,地上部无明显症状;严重时叶片失去光泽,落叶落果,树势严重衰退。根结线虫病病原是一种根结线虫居于土壤中,以卵或雌虫在根部或土壤中越冬。翌年3~4月份气温回升时卵孵化,成虫、幼虫随水流或耕作传播,形成再次侵染。一般透水性好的沙质土发生严重,黏质土的果园发病较轻。带病苗木调运是传播途径。

2. 防治方法

(1)严格实行检疫制度 加强苗木检疫,保证无病区砂糖橘树不受病原侵害。

(2)培育无病苗木 苗圃地应选择前作为禾本科作物的耕地,在重病区前作应选择水稻。有病原的土地应反复翻耕土壤,进行暴晒。

(3)加强管理 一经发现有病苗木,用45℃温水浸根25分钟,可杀死二龄幼虫。病重果园结合深施肥,在1~2月份挖除5~15厘米深处的病根并烧毁,每株施1.5~2.5千克石灰,并增施有机肥,促进新根生长。

(4)药剂防治 成年树2~4月份在树干基部四周开沟施药,沟深约16厘米,沟距26~33厘米,每株沟施50%棉隆可湿性粉剂250倍液7.5~15千克,施药后覆土并踏实,再泼少量水。也可在病树四周开环形沟,按每667米^{2}施10%硫线磷颗粒剂5千克,或3%氯唑磷颗粒剂4千克,施药前按原药:细沙土1:15的比例配制成毒土,均匀撒入沟内,施后覆土并淋水。

二、主要虫害及防治

危害砂糖橘的害虫很多,常见的有红蜘蛛、锈壁虱、矢尖蚧、糠片蚧、黑点蚧、黑刺粉虱、木虱、橘蚜、黑蚱蝉、星天牛、褐天牛、爆皮虫、恶性叶甲、潜叶蛾、柑橘凤蝶、花蕾蛆、金龟子、象鼻虫和吸果夜蛾等。

(一)红蜘蛛

红蜘蛛又名橘全爪螨,是砂糖橘产区危害最严重的害螨。

1. 危害特点 红蜘蛛主要危害砂糖橘叶片、嫩梢、花蕾和果实,尤其是幼嫩组织。成虫和若虫常群集于叶片正、反面沿主脉附近危害,以口针刺破砂糖橘叶片、嫩枝及果实表皮吸取汁液。叶片受害处初为淡绿色,后变为灰白色斑点,严重时叶片呈灰白色而失去光泽,引起落叶和枯梢。危害果实时,多群集在果柄至果萼处,受害幼果表面出现淡绿色斑点,成熟果实受害后表面出现淡黄色斑点。受害果实外观差,味变酸,同时因果蒂受害而出现大量落果,影响果实品质和产量。红蜘蛛的发生消长与气候、天敌、人为因子(喷药)等密切相关,尤其是气温对红蜘蛛的影响最大。果园全年受害时期是春梢转绿期和秋梢转绿期,即红蜘蛛以 4~6 月份和 9~11 月份危害最严重。红蜘蛛有趋嫩、喜光性,故苗木、幼龄树因抽发嫩梢多,日照好,天敌少而受害重。土壤瘠薄、向阳坡的砂糖橘受害早而重。此外,红蜘蛛常从老叶向新叶迁移,叶面和叶背虫口均较多。

2. 防治方法

(1)彻底清园,消灭越冬虫卵 冬季彻底清除园内枯枝、落叶、杂草,并集中烧毁或堆沤,也可结合施冬肥时深埋。冬季和早春萌芽前喷 0.8～1 波美度石硫合剂,或 90％柴油乳油 150～200 倍液,或 95％机油乳剂 100～150 倍液＋73％炔螨特乳油 1 000 倍液,消灭越冬成螨,降低越冬虫口基数。

(2)加强虫情测报　从春季砂糖橘发芽时开始,每 7～10 天调查砂糖橘植株 1 年生叶片 1 次,春季当虫口密度为成螨、若螨 3～5 头/叶,秋季成螨、若螨 3～5 头/叶,冬季成螨、若螨 2～3 头/叶时,即进行喷药防治。

(3)药剂防治　不同防治时期可选择不同药剂,采取交替用药至关重要。从春季砂糖橘发芽开始至开花时,气温一般在 20℃以下,应选择非感温性药剂,可用 5％噻螨酮乳油 2 000～3 000 倍液,或 15％哒螨灵乳油 2 000 倍液或 10％四螨嗪可湿性粉剂 1 000～2 000 倍液喷施。开花后,除上述药剂可用外,还应使用速效、对天敌影响小的药剂,可用 5％唑螨酯悬浮剂 2 000～3 000 倍液,或 73％炔螨特乳油 3 000 倍液或 50％溴螨酯乳油 2 500 倍液,或 0.3～0.5 波美度石硫合剂进行挑治。噻螨酮乳油和四螨嗪不能杀死成螨,若在花后使用应与杀成螨的药剂混用,石硫合剂不能杀死卵,持效期又短,故 7～10 天后应再喷 1 次。

(4)利用天敌　红蜘蛛的天敌很多,主要有食螨瓢虫、日本方头甲、塔六点蓟马、草蛉、长须螨和钝绥螨等,对天敌应注意加以保护,可在果园进行合理间作和生草栽培,可间种藿香蓟、苏麻、豆科绿肥等作天敌的中间宿主,有利保护和增殖天敌。

(5)采取农业措施　加强树体管理,增施有机肥,改善土壤结构,促使树体生长健壮,以提高植株的抗性。干旱时及时灌水,以减轻危害。喷布药剂时可加 0.5％尿素,促进春梢老熟。

(6)注意事项　施用波尔多液、杀虫双、溴氰菊酯和氯氰菊酯农药的砂糖橘园,容易造成红蜘蛛的大发生,应及时加强防治。

(二)锈壁虱

锈壁虱又名锈蜘蛛、锈螨等,砂糖橘产区均有发生。

1. 危害特点 锈壁虱主要危害砂糖橘叶片和果实,其成虫、若虫在叶片背面和果实表面以口器刺破表皮组织,吸取汁液。虫体极小,肉眼不易看清,10～20 倍手持放大镜下可见虫体呈黄白色胡萝卜状。叶片受害,表面粗糙,叶背黑褐色,失去光泽,引起落叶,严重时影响树势。果实被害后呈黑褐色,俗称"罗汉果",表皮油胞破坏后,内含的芳香油溢出被空气氧化,由于虫体和蜕皮堆积,看上去如蒙上一层灰尘,失去光泽,果面呈古铜色,俗称"麻柑子",严重影响果实品质和产量。幼果受害严重时果实变小变硬,呈灰褐色,表面粗糙有裂纹。大果受害后果皮呈黑褐色(乌皮),果皮韧而厚,品质下降,且有发酵味。果蒂受害后易使果实脱落。锈壁虱还可引发腻斑病。锈壁虱在江西赣南 1 年发生 15～18 代,世代重叠,以成螨在腋芽和卷叶内越冬。每年 4 月份开始活动,随春梢抽发,成虫逐渐迁移到新梢嫩叶上危害,4 月底至 5 月初向果实迁移,6 月以后由于气温升高,繁殖最快,密度最大,7～9 月份遇高温少雨天气,果实受害更重,8 月份由于果皮增厚转而危害秋梢叶片。高温高湿不利于锈壁虱生存,9 月份以后随气温下降而虫口减少,12 月份气温降至 10℃ 以下时停止活动,开始越冬。

2. 防治方法

(1)加强虫情测报 从 4 月下旬起用手持放大镜检查,当发现结果树有个别果实受害或当年的春梢叶背有受害症状,或叶背及果面每个视野有螨 2 头、气候又适宜该螨发生时,应立即喷药,第一次喷药应在 5 月上旬。7～10 月份,叶片或果实在 10 倍放大镜每个视野有螨 3～4 头,或果园中发现 1 个果实被害,或 5% 叶、果有锈螨,应进行喷药。

(2)药剂防治 可喷施 25% 三唑锡可湿性粉剂 1 500～2 000

倍液,或 15%哒螨灵乳油 2 000～3 000 倍液,或 1.8%阿维菌素乳油 3 000～4 000 倍液,或 10%浏阳霉素乳油 1 000～1 500 倍液,或 20%双甲脒乳油 1 000～1 500 倍液,或 65%代森锌可湿性粉剂 600～800 倍液。

(3)利用天敌 保护利用天敌,如多毛菌、捕食螨、草蛉、食螨蓟马等。

(4)采取农业措施 采果后即全面清园,剪除病虫枝,铲除田间杂草,扫除枯枝落叶集中烧毁,以减少越冬虫源。适当修剪内膛枝,防止树冠过度荫蔽。

(三)矢尖蚧

矢尖蚧又名矢尖介壳虫、箭头蚧,砂糖橘产区均有发生。

1. 危害特点 矢尖蚧主要危害砂糖橘的叶片、嫩枝和果实,以成虫和若虫群聚叶背和果实表面吸取汁液。叶片受害处呈黄色斑点,严重时叶片扭曲变形,引起卷叶和枯枝、落叶落果树势衰弱,影响产量和果实品质,并诱发煤烟病。矢尖蚧在江西赣南 1 年发生 3 代,以雌成虫和二龄若虫在叶背及嫩梢中越冬。第一代多在老枝上,第二代大部分在新叶及部分果实上,第三代大部分在果实上。喜隐蔽、温暖和潮湿环境。树冠郁闭,通风透光差的果园受害重。雌虫分散取食,雄虫多聚集在母体附近危害。

2. 防治方法

(1)加强虫情测报 在第一代幼蚧出现后,应经常检查上年的秋梢叶片或当年春梢叶片上雄幼蚧的发育情况,如发现有少数雄虫背面出现"飞鸟状"3 条白色蜡丝时,应在 1～5 天内喷布第一次药。也可在 3 月下旬至 5 月初第一代幼蚧发生前,直接在果园观察有无初孵幼蚧出现,在初见后的 21～25 天内喷布第一次药,隔 15～20 天喷第二次药。也可在 5 月上中旬和下旬各喷 1 次药。有越冬雌成虫的去年秋梢叶片达 10%,或树上有 1 个小枝组明显有虫,或少数枝叶枯焦,或上年秋梢叶片上越冬雌成虫达 15 头/100 片时,应喷布药剂。

(2)药剂防治　可选用 40%杀扑磷乳油 1500 倍液,或 50%乙酰甲胺磷乳油 800 倍液喷施。

(3)采取农业措施　冬季彻底清园,剪除严重的虫枝、干枯枝和郁闭枝,减少虫源,改善通风透光条件。冬季和春梢萌发前喷 8～10 倍松脂合剂,或 95%机油乳剂 60～100 倍液,消灭越冬虫卵。

(4)利用天敌　日本方头甲、整胸寡节瓢虫、湖北红点唇瓢虫、矢尖蚧蚜小蜂和花角蚜小蜂等为矢尖蚧的天敌。在矢尖蚧发生 2～3 代时应注意保护和利用天敌。

(四)糠片蚧

糠片蚧又名灰点蚧,砂糖橘产区均有发生。

1. 危害特点　糠片蚧主要危害砂糖橘枝干、叶片和果实,叶片受害部呈淡绿色斑点,果实受害部呈黄绿色斑点,影响果实品质和外观。糠片蚧诱发煤烟病,使树体覆盖一层黑色霉层,影响光合作用,从而削弱树势,甚至导致枝、叶枯死。糠片蚧在江西赣南 1 年发生 3～4 代,田间世代重叠,各代一至二龄若虫盛发于 4～6 月份、7～8 月份、8～10 月份和 11 月份至翌年 4 月份,但以 8～10 月份危害最重。糠片蚧喜寄居在荫蔽或光线差的枝、叶上,尤其是有蛛网或灰尘覆盖处最多,一株树上先危害枝干,再蔓延至果、叶。叶面虫多,果实上凹陷处也较多。

2. 防治方法

(1)药剂防治　抓住一至二龄若虫盛期喷药,每 15～20 天喷布 1 次,共喷 2 次。药剂同矢尖蚧。

(2)利用天敌　日本方头甲、草蛉、长缨盾蚧蚜小蜂和黄金蚜小蜂等,都是糠片蚧的天敌,应注意保护和利用。

（3）采取农业措施 加强栽培管理,增施有机肥,改良土壤,增强树势,提高植株的抗虫性。冬季彻底清园,剪除严重的虫枝、干枯枝和郁闭枝,以减少虫源,改善通风透光条件。

（五）黑 点 蚧

黑点蚧又名黑点介壳虫,砂糖橘产区均有发生。

1. 危害特点 黑点蚧主要危害砂糖橘叶片、小枝和果实,以幼虫和成虫群集在叶片、果实和小枝上取食。叶片受害处出现黄色斑点,严重时可使叶片变黄。果实受害出现黄色斑点,成熟延迟,严重时影响果实品质和外观。黑点蚧还可诱发煤烟病。黑点蚧1年发生3~4代,田间世代重叠,多以雌成虫和卵越冬。田间一龄若虫于4月下旬出现,并于7月上旬、9月中旬和10月中旬出现3次高峰。郁闭和生长衰弱的树均有利于黑点蚧的繁殖。

2. 防治方法

（1）药剂防治 在若虫盛发期喷药,每15~20天喷布1次,共喷2次。药剂同矢尖蚧。

（2）利用天敌 整胸寡节瓢虫、红点唇瓢虫、长缨盾蚧蚜小蜂和赤座霉等,都是黑点蚧的天敌,应注意保护和利用。

（3）采取农业措施 冬季彻底清园,剪除虫枝、干枯枝和郁闭枝,减少虫源,改善通风透光条件。

（六）黑刺粉虱

黑刺粉虱又名橘刺粉虱,砂糖橘产区均有发生。

1. 危害特点 黑刺粉虱主要危害砂糖橘叶片,以若虫群集在叶背取食。叶片受害处出现淡黄色斑点,叶片失去光泽,发育不良。加上虫体排泄蜜露分泌物,容易诱发煤烟病,导致树势衰弱,危害严重时常引起落叶落果,影响树势和果实的生长发育。黑刺粉虱在江西赣南1年发生4代,田间世代重叠,大多数以三龄幼虫在叶背越冬,翌年 3 月份化蛹。黑刺粉虱喜荫蔽环境,常在树冠内或中下部的叶背密集成弧圈产卵,初孵若虫常在卵壳附近爬行约 10 分钟后固定并取食。

2. 防治方法

(1)药剂防治 在越冬成虫初见后 40～45 天防治第一代,或在各代一至二龄若虫盛期喷药,隔 20 天再喷布 1 次,药剂同矢尖蚧。冬季清园可喷施 48% 毒死蜱乳油 800～1 000 倍液,或松脂合剂 8～10 倍液。防治关键是各代二龄幼虫盛发期以前,可喷 25% 噻嗪酮可湿性粉剂 1 000～1 500 倍液,或 10% 吡虫啉可湿性粉剂 2 500～3 000 倍液,或 40% 杀扑磷乳油 1 000～2 000 倍液,或 48% 毒死蜱乳油 1 200～1 500 倍液,或 90% 晶体敌百虫1 000倍液。

(2)利用天敌 刺粉虱黑蜂、斯氏寡节小蜂、红点唇瓢虫、草蛉、黄色蚜小蜂和韦伯虫座孢菌等,都是黑刺粉虱的天敌,应注意保护和利用。

(3)采取农业措施 剪除虫枝、干枯枝和郁闭枝,减少虫源,改善通风透光条件。

(七)木 虱

木虱是黄龙病的重要传媒昆虫,对砂糖橘的生产危害极大。

1. 危害特点 木虱主要危害砂糖橘的新梢,成虫常在芽和叶背、叶脉部吸食,若虫危害嫩梢,使嫩梢萎缩、新叶卷曲变形。此外,若虫常排出白色絮状分泌物,覆盖在虫体活动处。木虱可诱发煤烟病,影响树势和产量,造成果实品质下降。在江西赣南栽种的砂糖橘园中,木虱的各种虫态终年可见。一般 1 年发生 6 代,世代重叠,以成虫越冬。每年 4 月份成虫产卵于嫩芽上,6～8 月份木虱繁殖量大,危害最重,9～10 月份以后逐渐下降。木虱的田间消长与砂糖橘的 3 次抽梢相一致,一般秋梢最重,春梢次之,夏梢较少。卵多产于嫩芽的缝隙、叶腋和嫩梢上,但以嫩芽上为最多。若虫集中在嫩芽,吸食汁液。树势弱、枝梢稀疏透光、嫩梢抽生不整齐的植株发生多,危害重。

2. 防治方法

(1)田间防治　加强田间管理,保证园内品种纯正,同时抹除零星先萌发的芽,适时统一放梢,以减少木虱危害。

(2)采取农业措施　砍除衰老树,减少虫源。砂糖橘园周围种植防护林,以防止木虱迁飞。

(3)药剂防治　第一、第二代若虫盛发期(4月上旬至5月中旬);第四、第五代若虫盛发期(7月底至9月中旬),当有5%嫩梢发现有若虫危害时喷药防治。药剂可选40%乐果乳油800倍液,或20%氰戊菊酯乳油2 000～3 000倍液,或80%敌敌畏乳油1 500～2 500倍液,或20%甲氰菊酯乳油1 000～3 000倍液,或2.5%溴氰菊酯乳油3 000倍液。

(4)利用天敌　六斑月瓢虫、草蛉和寄生蜂等都是木虱的天敌,应注意保护和利用。

(八)橘　蚜

橘蚜是衰退病的传媒昆虫,橘蚜在砂糖橘产区均有发生。

1. 危害特点　橘蚜主要危害砂糖橘的嫩梢、嫩叶,以成虫、若虫群集在嫩梢和嫩叶上吸食汁液。嫩梢受害后,叶片皱缩卷曲、硬脆,严重时嫩梢枯萎,幼果脱落。橘蚜分泌大量蜜露可诱发煤烟病和招引蚂蚁上树,影响天敌活动,降低光合作用,严重时影响树势,造成产量和果实品质下降。橘蚜在江西赣南1年发生20代左右,主要以卵在枝干上越冬。越冬卵3月中下旬孵化为无翅若蚜,在新梢上群集吸食危害。若虫成熟后,开始胎生若蚜,继续繁殖危害。春末夏初和秋季天气干旱时橘蚜发生多,危害重。

2. 防治方法

(1)减少虫源　冬季剪除虫枝,人工抹除抽发不整齐的嫩梢,以减少橘蚜的食料来源,从而压低虫口。

(2)药剂防治　重点抓住春梢生长期和花期,其次是夏秋梢嫩梢期,发现 20% 嫩梢有无翅蚜危害即进行喷药防治。药剂可选用 50% 马拉硫磷乳油 2 000 倍液,或 20% 氰戊菊酯乳油或 20% 甲氰菊酯乳油 3 000～4 000 倍液,或 10% 吡虫啉可溶性粉剂 1 200～1 500 倍液。

(3)利用天敌　橘蚜的天敌种类很多,如瓢虫、草蛉、食蚜蝇、寄生蜂等,应特别注意保护和利用。

(九)黑 蚱 蝉

黑蚱蝉又名蚱蝉、知了,砂糖橘产区均有发生。

1. 危害特点　黑蚱蝉主要危害砂糖橘的枝梢,成虫用产卵器刺破枝条皮层,直达木质部,锯成 2 排锯齿状刻痕,并产卵于其中。产卵的枝条因皮部受损,枝条的输导系统受到严重的破坏,养分和水分输送受阻,受害枝条上部由于得不到水分的供应而枯死。被害枝条多数是当年的结果母枝,有些可能成为翌年的结果母枝,故枝梢受害不仅影响当年树势和产量,也影响翌年产量。黑蚱蝉需要 12～13 年才能完成 1 代,以枝内卵或土中若虫越冬。温度 22℃以上、进入梅雨季节后,若虫大量出土,在 6～9 月份、尤其是 7～8 月份数量最多。老熟后的若虫于 6～8 月份每天晚上 8～9 时出土,爬行至树干或大枝上蜕皮变为成虫。夜间成虫喜栖息在苦楝、麻楝等林木的枝干上。

2. 防治方法

(1)消灭若虫　冬季翻土,杀死土中部分若虫。也可在成虫羽化前,每 667 米² 用 48% 毒死蜱乳油 300～800 毫升对水 60～80 升泼浇树盘;或在树干绑一条宽 8～10 厘米的薄膜带,以阻止若虫上树蜕皮,并在树干基部设置陷阱(用双层薄膜做成高约 8 厘米的陷阱),在傍晚或晴天早晨捕捉。

（2）人工捕杀 若虫出土期的晚上 8～9 时，在树上、枝上捕杀若虫。成虫出现后，用网袋或黏胶捕杀，或夜间在地上点火后再摇动树枝，利用成虫的趋光习性捕杀。也可利用晴天早上露水未干时和雨天成虫飞翔能力弱时捕杀。

（3）消灭虫卵 及时剪除被害枝梢并集中烧毁，同时剪除附近苦楝树等被害枝，以减少虫卵。

（十）星 天 牛

星天牛因鞘翅上有白色斑点，形似星点而得名，砂糖橘产区均有发生。

1. 危害特点 星天牛以幼虫蛀食砂糖橘植株离地面 50 厘米以内的干颈和主根的皮层，蛀食成许多虫洞，洞口常堆积木屑状的排泄物，切断水分和养分的输送，轻者使部分枝叶黄化，重者由于根颈被蛀食而使植株枯死。星天牛危害造成的伤口，还为脚腐病菌入侵提供了条件。星天牛 1 年发生 1 代，以幼虫在树干基部或根部木质部越冬。4 月下旬成虫开始出现，5～6 月份为盛期。成虫从蛹室爬出后飞向树冠，啃食树枝树皮和嫩叶。幼虫孵出后即在树皮下蛀食，并向根颈或主根表皮迂回蛀食，若环绕蛀食 1 圈，致使水分和养分输送中断而使植株死亡。幼虫蛀食 2～3 个月后即蛀入木质部，至 11～12 月份开始越冬，翌年春化蛹。

2. 防治方法

（1）捕杀成虫 利用星天牛多于晴天中午在树皮上交尾或在根颈部产卵的习性，着重在立夏、小满期间选择晴天上午 10 时至下午 2 时捕杀星天牛成虫。

（2）采取农业措施 加强栽培管理，增施有机肥，促使植株健壮，保持树干光滑，堵塞孔洞，清除枯枝残桩和地衣、苔藓等，以减少产卵场所。

（3）人工杀灭虫卵和幼虫 在 5 月下旬至 6 月份继续捕杀成

虫的同时,检查近地面主干,发现虫卵及初孵幼虫及时用刀刮杀;6~7 月份发现地面掉有木屑,及时将虫孔的木屑排除,用废棉花蘸 40%乐果或 80%敌敌畏乳油 5~10 倍液塞入虫孔,再用泥土封住孔口,以杀死幼虫。

(4)树干包扎预防　将洗净的肥料编织袋,裁成宽 20~30 厘米的长条,在星天牛产卵前(5 月中旬前),在易产卵的主干及根基部位各缠绕 2~3 圈(30~60 厘米高),每圈之间连接处不留缝隙,然后用麻绳捆扎,有良好的预防效果。

(5)树干刷白　在 5 月上中旬,将主干、主枝刷白,防止天牛产卵。刷白剂可选用白水泥 10 千克、生石灰 10 千克、鲜黄牛粪 1 千克,加水调成糊状。也可选用生石灰 20 千克、硫磺粉 0.2 千克、食盐 0.5 千克、碱性农药 0.2 千克,加水调成糊状。

(十一)褐 天 牛

褐天牛又名干虫,砂糖橘产区均有发生。

1. 危害特点　褐天牛以幼虫蛀食砂糖橘植株离地面 50 厘米以上的主干和大枝木质部,蛀孔处常有木屑状虫粪从虫洞排出,使树干水分和养分输送受阻,树势变弱,受害重的枝、干被蛀成多个孔洞,一遇干旱易缺水枯死,也易被大风吹断。褐天牛 2 周年发生 1 代,以幼虫或成虫越冬。成虫产卵于距地面 0.5 米以上的主干和大枝的树皮缝隙或其他粗糙处。幼虫孵出后先在树皮下蛀食 7~20 天,再蛀入木质部,使树皮出现流胶。一般幼虫先向下面蛀食再向上面蛀食,虫道可长达 1~1.3 米。虫道每隔一段距离开 1 个孔洞,以便通气和排出木屑。

2. 防治方法　鉴于褐天牛成虫在晚上出洞,捕杀应在傍晚进行,其余防治方法与星天牛相同。

(十二)爆 皮 虫

爆皮虫又名锈皮虫,砂糖橘产区均有发生。

1. 危害特点 爆皮虫以幼虫蛀食砂糖橘的树干和大枝的皮层,受害处开始出现流胶,继而树皮爆裂,使形成层中断,水分和养分输送受阻,造成枯枝死树。爆皮虫1年发生1代,以老熟幼虫在木质部越冬,未老熟幼虫在皮层中越冬。翌年4月上旬开始羽化,在洞中潜伏7~8天,再咬破树皮出洞,5月下旬为出洞盛期。晴天成虫多在树冠上啃食嫩叶,阴雨天多数静伏于枝叶上,成虫有假死习性。成虫出洞后7天即产卵于枝、干树皮小裂缝处,幼虫孵出后即蛀入树皮皮层,使树皮表面呈点状流胶,其后随幼虫长大逐渐向内蛀入,直抵形成层,而后即向上、下蛀食,形成不规则虫道,并排泄虫粪和木屑充塞其中,使树皮和木质部分离,韧皮部干枯,树皮爆裂,严重时植株死亡。衰老树、树皮粗糙、裂缝多的树受害重。

2. 防治方法

(1)加强树体管理 清除枝干上苔藓、地衣和裂皮,防止爆皮虫产卵。

(2)冬季清园 清除被害严重的枝或枯枝,并集中烧毁,消灭越冬虫源。

(3)药剂防治 幼虫初孵化时,用80%敌敌畏乳油3倍液,或40%乐果乳油5倍液,涂于树干流胶处,可杀死皮层下的幼虫。在成虫将近羽化盛期而尚未出洞前,刮光树干死皮层,用80%敌敌畏乳油加10~20倍黏土,再加水适量,调成糊状,或用40%乐果乳油与煤油按1:1调制后涂在被害处。在成虫出洞高峰期,用80%敌敌畏乳油2000倍液,或90%晶体敌百虫1000~1500倍液,或25%亚胺硫磷乳油500倍液,或40%乐果乳油1000倍液喷洒树冠,可有效地杀死已上树的成虫。

(4)人工削除幼虫 在幼虫孵出期,于树体流胶处用凿或小刀削除幼虫。

(十三)恶性叶甲

恶性叶甲又名黑壳虫,砂糖橘产区均有发生。

1. 危害特点　恶性叶甲以成虫和幼虫食害砂糖橘的叶片、芽、花蕾和幼果。成虫将叶片吃成仅留叶表蜡质层或将叶片吃成孔洞或缺刻。幼果被吃成小洞而脱落。幼虫喜群居一处食害嫩叶,并分泌黏液或粪便,使嫩叶焦黄和枯萎。恶性叶甲 1 年发生 3～7 代,以成虫在树皮裂缝、卷叶和苔藓下越冬。3 月中下旬成虫开始交配,卵产于嫩叶背面或叶面的边缘或叶尖。第一代幼虫 4～5 月份盛发,主要危害春梢,系危害最重的一代。幼虫喜群居,孵化后在叶背取食叶肉,共 3 龄,幼虫老熟后沿树干爬下,在地衣、苔藓、枯死枝干、树洞及土中化蛹。成虫不群居,活动性不强,有假死性,非过度惊扰不跳跃。管理差、苔藓和残桩多的砂糖橘果园易受恶性叶甲危害,山地果园受害重。

2. 防治方法

(1)加强果园管理　清除越冬和化蛹场所,堵塞虫洞,清除残桩。

(2)药剂防治　4～5 月份树冠喷药 1～2 次,可杀灭成虫或幼虫。药剂可选 90％晶体敌百虫或 80％敌敌畏乳油或 40％乐果乳油 800～2 000 倍液,或 50％马拉硫磷乳油 1 000 倍液,或烟叶水 20 倍液＋0.3％纯碱,或鱼藤粉 160～320 倍液。

(3)人工杀灭幼虫　于幼虫入土化蛹时,在树干上捆扎带泥稻草以诱其入内,再取下烧毁,每 2 天换稻草 1 次。

(4)清洁枝干　对树体上的地衣和苔藓,在春季发芽前用松脂合剂 10 倍液,秋季用 18～20 倍液,进行清洁和消毒。修剪时,尽量剪至枝条基部不留残桩,锯口、剪口要剪平、光滑,并涂以伤口保护剂。一般在锯口、剪口涂抹油漆,或 3～5 波美度石硫合剂。也可用牛粪泥浆(内加 100 毫克/千克 2,4-D 或 500 毫克/千克赤霉素),或三灵膏(配方为:凡士林 500 克、多菌灵 2.5 克、赤霉素 0.05 克调匀)涂锯口保护,以免腐朽。树洞可用石灰或水泥抹平。

(十四)潜 叶 蛾

潜叶蛾又名绘图虫,俗称鬼画符,砂糖橘产区均有发生。

1. 危害特点　潜叶蛾主要危害砂糖橘的嫩叶,嫩梢和果实也会受害。以幼虫蛀入嫩叶背面、新梢表皮内取食叶肉,形成许多弯弯曲曲的银白色虫道,"鬼画符"一名即由此而来。被害叶片常常卷曲、硬化而易脱落,发生严重时新梢、嫩叶几乎无一幸免,严重影响枝梢生长和产量,并易诱发溃疡病。卷曲叶还为红蜘蛛、锈壁虱和卷叶蛾等害虫,提供越冬场所。果实受害易腐烂。潜叶蛾在江西赣南 1 年发生 10 多代,世代重叠,以蛹及老熟幼虫在被害叶卷边中越冬。潜叶蛾越往南发生越早,危害越重。4~5 月份平均温度达 20℃左右时开始危害新梢嫩叶,6 月初虫口迅速增加,7~8月份危害夏、秋梢最盛。幼虫孵出后蛀入叶表皮下取食,老熟幼虫化蛹于被害叶边缘卷曲处。高温多雨时发生多,危害重。幼龄树和苗木抽梢多、抽发不整齐的受害重,夏梢受害重,秋梢次之,春梢基本不受害。

2. 防治方法

(1)农业防治　7~9 月份夏、秋梢盛发时,是潜叶蛾发生的高峰期,应进行控梢,抹除过早、过迟抽发的零星不整齐梢,限制或中断潜叶蛾食料来源。避开潜叶蛾发生高峰期放梢,以避开其危害,一般在 8 月上旬立秋前后 7 天左右放秋梢。此外,夏、秋季控制肥水,冬季剪除受害枝梢,以减少越冬虫源。

(2)药剂防治　在放梢期,当大部分夏梢或秋梢初萌芽0.5~1厘米长时立即喷药防治,每 5~7 天喷药 1 次,连喷 2~3 次,直至停梢为止。药剂可选用 1.8%阿维菌素乳油 4 000~5 000 倍液,或

10%吡虫啉可湿性粉剂 1 000～2 000 倍液,或 5%啶虫脒乳油
2 000～2 500 倍液,或 2.5%溴氰菊酯乳油 2 000～3 000 倍液。

(3)利用天敌　寄生蜂是潜叶蛾幼虫的天敌,应加以保护
利用。

(十五)柑橘凤蝶

危害柑橘的凤蝶有柑橘凤蝶(又名橘黑黄凤蝶)、玉带凤蝶、金
凤蝶等,危害严重的为柑橘凤蝶与玉带凤蝶。

1. 危害特点　柑橘凤蝶主要危害砂糖橘嫩叶,常将嫩叶、嫩
枝吃成缺刻,甚至吃光。柑橘凤蝶 1 年发生 3～6 代,以蛹在枝干
上、叶背等隐蔽处越冬。3～4 月份羽化为春型成虫,7～8 月份羽
化为夏型成虫,田间世代重叠。成虫白天活动,喜在花间采蜜、交
尾,产卵于嫩芽上和嫩叶背面或叶尖。幼虫孵出后即在此取食,先
食卵壳,而后食芽和嫩叶,逐渐向下取食成长叶。幼虫遇惊时即伸
出臭角,发出难闻的气味以避敌害,老熟后多在隐蔽处吐丝做垫,
头斜向悬空化蛹。

2. 防治方法

(1)人工防治　人工摘除卵和捕杀幼虫,冬季清除越冬蛹。

(2)药剂防治　虫多时选用 90%晶体敌百虫或 80%敌敌畏乳
油 1 000 倍液,或 2.5%溴氰菊酯乳油 1 500～2 500 倍液,或 10%
氯氰菊酯乳油 2 000～4 000 倍液,或 10%吡虫啉可湿性粉剂 3 000
倍液,或 2.5%高效氯氟氰菊酯乳油 3 000～4 000 倍液。

(3)利用天敌　凤蝶金小蜂、凤蝶赤眼蜂和广大腿小蜂等寄生
蜂,可在凤蝶的卵和蛹中产卵寄生,是凤蝶的天敌,应加强保护和
利用。

(十六)花 蕾 蛆

花蕾蛆又名橘蕾瘿蝇,俗称灯笼花,砂糖橘产区均有发生。

1. 危害特点 花蕾蛆主要危害砂糖橘的花蕾,成虫在花蕾直径 2～3 毫米时,从其顶端进入将卵产于花蕾中。幼虫孵出以后在花蕾内蛀食,蕾内组织被破坏,雌、雄蕊停止生长,被害花蕾不能开放,呈黄白色圆球形扁苞,质地硬而脆,形似南瓜,花瓣呈淡黄绿色,有时有油胞,终至膨大形成虫瘿。花蕾蛆在江西赣南 1 年发生 1 代,以幼虫在树冠下 3～6 厘米深土中越冬,砂糖橘现蕾时成虫羽化出土。幼虫善跳跃,在花蕾中生活约 10 天,老熟后即爬出花蕾弹跳入土化蛹,进行越夏、越冬。阴雨天有利于成虫出土和幼虫入土,阴湿低洼园地、背阴山地和荫蔽果园、沙土、壤土有利于花蕾蛆发生。

2. 防治方法

(1)地面喷药 防止出土成虫上树产卵危害花瓣,一般在 3 月下旬前后、成虫大量出土前 5～7 天,或在花蕾有绿豆大小时,可抓住成虫出土的关键时期地面喷药。花蕾初期,萼片开始开裂,刚能见到白色花瓣时,立即在地面施药,以杀死刚出土的成虫。可用 50%辛硫磷乳油 1 000～2 000 倍液,或 2.5%溴氰菊酯乳油 3 000～4 000 倍液,或 90%晶体敌百虫 400 倍液,或 80%敌敌畏乳油 800～1 000 倍液喷洒地面,7～10 天喷 1 次,连喷 1～2 次。

(2)树冠喷药 成虫已开始上树飞行,但尚未大量产卵前进行树冠喷药。药剂可用 2.5%高效氯氟氰菊酯乳油 3 000～5 000 倍液,或 20%氰戊菊酯乳油 2 500～3 000 倍液,或 80%敌敌畏乳油 1 000 倍液＋90%晶体敌百虫 800 倍液喷洒树冠 1～2 次。在花蕾现白期及雨后的第二天及时喷药效果更好。

(3)人工防治 幼虫入土前,摘除受害花蕾煮沸或深埋。冬春深翻园土,以杀灭部分幼虫。

(4)地膜覆盖 在成虫出土前覆盖地膜,既可使成虫闷死于地表,又可阻止杂草生长。但成本高。

(十七)金 龟 子

金龟子种类多,食性杂,分布广,砂糖橘产区均有发生。危害砂糖橘的金龟子主要有铜绿金龟子和茶色金龟子,在江西赣南危害最严重的是茶色金龟子。多发生在山区新垦砂糖橘园及幼龄砂糖橘园。

1. 危害特点　茶色金龟子主要以成虫危害春梢嫩叶、花和果实。因为成虫取食量大,严重影响春梢和幼果的生长发育,影响树势和产量。茶色金龟子在江西赣南 1 年发生 2 代,以幼虫在土壤中越冬。成虫于 4 月上中旬开始羽化,4 月底至 5 月上中旬盛发,危害最严重。成虫有较强趋光性及假死习性。

2. 防治方法

(1)地面撒药　砂糖橘园结合冬季耕翻,每 667 米² 撒施 5%辛硫磷颗粒剂 250 克,可杀死土内幼虫及成虫。

(2)树冠喷药　金龟子主要于傍晚出来取食,所以傍晚前喷药效果最佳。可选用 90%晶体敌百虫 1 000 倍液,或 80%敌敌畏乳油 1 500 倍液,或 50%马拉硫磷乳剂 1 000 倍液,或 50%辛硫磷乳油 600~800 倍液于傍晚喷射树冠。

(3)人工捕捉成虫　利用其假死性,成虫羽化时,可在树冠下张布毯或放油水盆,于傍晚组织人工捕杀,收集从树上振落的成虫,予以杀死。也可利用金龟子群聚习性,在果树枝上系瓶口较大的玻璃瓶(如啤酒瓶、大口药瓶等,最好是浅色的),使瓶口距树枝 2 厘米左右。每只瓶中装 2~3 头活金龟子,金龟子会陆续飞到树枝上并钻进瓶中,一般每隔 3~4 株树吊 1 个瓶子。金龟子多时,1 天即可钻满 1 瓶,少时几天钻满 1 瓶。将瓶子取下,用热水烫死金龟子,倒出来处理掉,再将瓶洗涮干净继续使用。

(4)灯光诱杀成虫　利用成虫的趋光性,在果园中安装佳多牌频振式杀虫灯或安装 5 瓦节能灯,或使用黑光灯,在灯光下加设油水盆,充分利用紫外光和水面光,诱导成虫落水,诱杀成虫。

(5)药剂诱杀成虫　利用成虫的趋食性,在果园中分散设点投放一些经药剂处理过的烂西瓜或食用后的西瓜皮,诱杀成虫,效果显著。药剂可选用90%晶体敌百虫20～50倍液。

(十八)象鼻虫

象鼻虫又称象虫、象甲,砂糖橘产区均有发生。

1. 危害特点　危害砂糖橘的象鼻虫有多种,其中以大绿象鼻虫、灰象虫和小绿象鼻虫比较普遍。成虫危害叶片,被害叶片的边缘呈缺刻状。幼果受害果面出现不正常的凹入缺刻,严重的引起落果,危害轻的尚能发育成长,但成熟后果面呈现伤疤,影响果实品质。每年发生1代,以幼虫在土内过冬,翌年清明前成虫陆续出土,爬上树梢,食害春梢嫩叶,4月中旬至5月初开始危害幼果。5月中下旬是幼虫孵化最盛时期,幼虫孵化后从叶上掉下钻入土中,入土深达10～15厘米,以后在土中生活,蜕皮5次,早孵化的幼虫当年可化蛹羽化,以成虫在树上越冬,7月以后孵化的则以幼虫越冬。成虫有假死性,寿命长达5个多月,4～8月份在果园均可见到。

2. 防治方法

(1)人工捕杀　每年清明以后成虫渐多,应进行人工捕捉,可在中午前后在树下铺上塑料薄膜,然后摇树,成虫受惊即掉在薄膜上,将其集中杀灭。盛发期可每3～5天捕捉1次。

(2)胶环捕杀　清明前后用胶环包扎树干阻止成虫上树,并随时将阻集在胶环下面的成虫收集处理,至成虫绝迹后再取下胶环。胶环制作方法:先以宽约16厘米的硬纸(牛皮纸、油纸等)绕贴在树干或较大主枝上,再用麻绳扎紧,然后在纸上涂以黏虫胶。虫胶配方为松香3千克、桐油(或其他植物油)2千克、黄蜡50千克,配制时先将油加温至120℃左右,再将研碎的松香慢慢加入,边加边搅,待完全熔化后加入黄蜡充分搅拌,冷却待用。

（3）药剂防治　成虫出土期,可用 50%辛硫磷乳油 200～300 倍液于傍晚浇施地面。成虫上树危害时用 2.5%溴氰菊酯乳油 3 000～4 000 倍液,或 90%晶体敌百虫 800 倍液,或 80%敌敌畏乳油 800 倍液喷杀。

（十九）吸果夜蛾

危害砂糖橘的吸果夜蛾主要有嘴壶夜蛾和鸟嘴壶夜蛾。

1. 危害特点　吸果夜蛾主要以成虫危害果实,即成虫夜间飞往砂糖橘园危害果实,用细长尖锐的口器刺入果内吸取果汁,被刺伤口逐渐软腐呈水渍状,引起果实腐烂脱落。吸果夜蛾危害严重时,可使果实损害 5%～10%。

（1）嘴壶夜蛾　嘴壶夜蛾在江西赣南 1 年发生 4 代,以幼虫或蛹在汉防己、木防己等野生植物中越冬,世代不整齐,幼虫全年可见,但以 9～10 月份发生量较多。幼虫老熟后在枝叶间吐丝黏合叶片化蛹,成虫危害有一定成熟度的果实。成虫略具假死性,对光和芳香味有显著趋性。成虫夜间进入果园活动危害,21～23 时进入活动高峰,天亮前后即飞离砂糖橘园,分散在杂草、篱笆等处潜伏。危害的高峰期基本上为 10 月上旬至 11 月上旬,以后随着温度的下降和果实的采摘,危害减少和终止。

（2）鸟嘴壶夜蛾　鸟嘴壶夜蛾在江西赣南 1 年发生 4 代,幼虫、成虫均可越冬,世代不整齐。5～11 月份均可发现成虫,成虫略有假死性,产卵于果园附近背风向阳处的汉防己或木防己叶背。幼虫以叶片为食料,所以靠近山林或盛长灌木杂草的果园受害重。幼虫行动敏捷,有吐丝下垂习性,白天多静伏于荫蔽的木防己叶片下或周围杂草丛中及石缝等处,夜间取食。初龄幼虫多食木防己顶端嫩叶,吃成网状。三龄后幼虫沿植株向下取食,将叶吃成缺刻,甚至整叶吃光。老熟时在木防己基部或附近杂草丛内缀叶结薄茧化蛹。成虫夜间活动,有趋光性,即成虫黄昏后开始飞往果园危害果实,喜食好果。天黑时逐渐增加,半夜后逐渐减少,天明后则隐蔽杂草丛中。9～10月份为危害盛期。卵的天敌有松毛虫赤眼蜂,蛹的天敌有姬蜂和寄生蝇,应加强保护利用。

2. 防治方法

(1)合理规划果园　山区或半山区发展砂糖橘时应成片大面积栽植,尽量避免零星栽植。

(2)铲除幼虫寄主　清除果园附近及周边幼虫中间寄主——木防己、汉防己等。

(3)灯光诱杀成虫　利用成虫夜间活动、有趋光性的特点,安装黑光灯、高压汞灯或频振式杀虫灯诱杀成虫。

(4)驱避成虫　在成虫危害期,每树用5～10张吸水纸,每张滴香茅油1毫升,傍晚时挂于树冠周围,或用棉花团蘸上香茅油挂于树冠枝条上。也可用塑料薄膜包住樟脑丸,膜上刺数个小孔,每树挂上4～5粒,有一定的驱避效果。

(5)生物防治　在7月份前后大量繁殖赤眼蜂,在砂糖橘园周围释放,寄生吸果夜蛾卵粒。

(6)药剂防治　开始危害时,可喷洒5.7%氯氟氰菊酯乳油或2.5%高效氯氟氰菊酯乳油2 000～3 000倍液。此外,用敌百虫20倍液浸香蕉诱杀,或夜间人工捕杀成虫也有一定效果。

第九章 砂糖橘果实采收及
采后处理技术

一、采 收

(一)采收前的准备

采收前应准备好采果工具,主要工具有采果剪、采果篓或袋、装果箱、采果梯等(图9-1)。

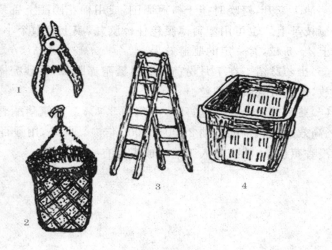

图 9-1 采果工具
1.采果剪 2.采果篓 3.双面采果梯 4.装果筐

1. 采果剪　采果时，为了防止刺伤果实，减少果皮的机械损伤，应使用采果剪。作业时，齐果蒂剪取。可采用剪口部分弯曲的对口式果剪，要求果剪刀口锋利、合缝、不错口，以保证剪口平整光滑。

2. 采果篓或袋　采果篓一般用竹篾或荆条编制，也有用布制成的袋子，通常有圆形和长方形等形状。采果篓不宜过大，为了便于采果人员随身携带，容量以装 5 千克左右为好。采果篓里面应光滑，不至于伤害果皮，必要时篓内可衬垫棕片或厚塑料薄膜。采果篓为随身携带的容器，要求做到轻便坚固。

3. 装果箱　有用木条制成的木箱，也有用竹编的箩或筐，还有用塑料制成的筐。装果箱要求光滑、干净，里面最好有衬垫（如用纸作衬垫），以免果箱伤害果皮。

4. 采果梯　采用双面采果梯，使用起来较方便，既可调节高度，又不会因紧靠树干而损伤枝叶和果实。

（二）采收时期

采收时期，对砂糖橘的产量、品质、树势及翌年的产量均有影响。适时采收，应按照砂糖橘果鲜销或贮藏所要求的成熟度进行。采收过早，果实的内部营养成分尚未完全转化形成，影响果品的产量和品质；采收过迟，也会降低品质，增加落果，且果实容易腐烂、不耐贮藏。适时采收的关键是掌握采收期，一般 11 月下旬果皮完全着色，表现为淡橘红色至橘红色，用于贮藏或早期上市的果品，在淡橘红色时采收为最适期。采收应先熟先采，分期、分批采收，以减轻树体负担，恢复树势，促进花芽分化；并可避免采收过度集中，销售压力大。春节前后是销售旺季，销量大，价格好，很多生产者应用树上留果保鲜技术，生产供应春节销售的"叶橘"，即带叶销售（1 果带 2 片绿叶）。"叶橘"通常在果柄带 2 片绿叶处剪下，因有果柄，在贮运过程中易碰伤果皮，不耐贮运。故"叶橘"必须就地销售或快速运往已签合同的市场销售，避免积压果品而引起烂果。

同时,生产"叶橘"正值霜冻季节,可能会造成霜冻,会有一定的风险。因此,生产中要严格执行树上留果保鲜技术措施,确保砂糖橘丰产丰收。砂糖橘采收期通常在 11 月中旬至翌年 1 月上旬。

(三)采收方法

采果时,应遵循由下而上、由外到内的原则。先从树的最低和最外围的果实开始,逐渐向上和向内采摘。作业时,一手托果,一手持剪采果,为保证采收质量,通常采用"一果两剪"法。第一剪带果梗剪下果实,通常在离果蒂 2 厘米左右处剪下。第二剪齐果蒂复剪一刀,剪平果蒂,萼片要完整,以果柄不刺手为度,以免果间相互碰撞刺伤。采果剪要求圆头平口,刀口锋利。采果时用布袋装果,然后倒入果筐,果筐的内壁要衬上平滑的编织布或草垫、麻包袋等。采果人员戴软质手套,采果时轻拿轻放,避免机械伤。采果时不可拉枝和拉果,尤其是远离身边的果实不可强行拉至身边,以免折断枝条或拉松果蒂。采后放在阴凉处待运。

为了保证采收质量,要严格执行操作规程,做到轻采、轻放、轻装和轻卸。采下的果实,应轻轻倒入有衬垫的篓(筐)内,不要乱摔乱丢。果篓和果筐不要盛得太满,以免果实滚落和被压伤。果实倒篓和转筐时均要轻拿轻放,田间尽量减少倒动,以防造成碰伤和摔伤。对伤果、落地果、病虫果及等外果,应分别放置,不要与好果混放。此外还应注意,采收前 10 天左右停止灌水,不要在降雨、有雾或露水未干、刮大风天气采摘,以免果实附有水珠引起腐烂。

二、采后处理

(一)防腐剂洗果

对采下的果实,及时进行防腐处理,可防止病菌传染,减少在包装、运输过程中的腐烂损失。同时,可去除果面尘埃、煤烟等,使果品色泽更鲜艳、商品价值更高。

　　砂糖橘防腐处理用水按 GB 5749 生活用水质标准规定执行。使用的清洗液,允许加入清洁剂、保鲜剂、防腐剂、植物生长调节剂,通常用赤霉素、硫菌灵、多菌灵、抑霉唑、噻菌灵、双胍盐等。处理砂糖橘时,常用 50% 多菌灵可湿性粉剂 500 毫克/千克(即将药对水成 2 000 倍液)溶液洗果,如果加入赤霉素 20 毫克/千克混合洗果,则效果更好,既可防腐,又能保持青蒂。注意药物处理后 30 天内不得上市。"叶橘"上市因时间短,一般不用药物处理。砂糖橘采摘后用清洁剂清洗,经药物处理,符合国家(柑橘鲜果安全卫生指标)NY 5014 规定方可上市。

　　果实采收运回后,药剂洗果进行得越早,贮藏的防腐效果越好,生产中最好采收后当天清洗,药剂处理最迟不超过 24 小时。可采用手工清洗或机械清洗,带叶果实宜用人工操作。操作人员应戴软质手套,手工操作的可将采收的果实立即放入内衬软垫的筐或网中,浸入装有 500 毫克/千克多菌灵与 20 毫克/千克赤霉素混合液中,浸湿即捞出沥干。清洗后应尽快晾干或风干果面水分,通常可采用自然晾干或使用热风进行干燥。采用自然晾干时,可通过抽风、送风设备,加强库房的空气流通;采用热风干燥时,注意温度不得超过 45℃,以免伤及果面,果面基本干燥即可。晾干后用软布擦净或包装贮运。采用机械操作的,因果皮薄,油胞突起,机械易将果实表皮摩伤,要注意选用不会擦伤果皮的机械。

　　(二)保鲜剂的应用

　　采摘后的砂糖橘果实,经预冷和挑选后,即可应用保鲜剂进行处理。保鲜剂种类很多,生产中常用以下两种。

　　1. 虫胶涂料的应用　打蜡是果实商品化处理的重要环节,经涂果打蜡的砂糖橘果实,能抑制水分蒸发,保持果品新鲜,减少腐烂,增强商品竞争力。剥皮食用砂糖橘所用蜡液和卫生指标按 NY/T 869-2004 的规定执行。目前使用的虫胶涂料,由漂白虫胶与丙二醇、氨水和防腐剂制成,可与水任意混合。砂糖橘果实保鲜使用 2 号或 3 号虫胶涂料,2 号虫胶涂料添加了甲基硫菌灵,3 号涂料添加了多菌灵,贮藏果实用 1∶1～1.5 的比例配制,应现配现用,一般 1 千克原液可涂果 1 500 千克左右。打蜡前果面应清洁、干燥,打蜡后应于一个半月内销售完毕,以免因无氧呼吸而产生酒味,最好在销售前进行打蜡。手工打蜡适用于量少或带叶果实,操作时用海绵或软布等蘸上加入防腐剂的蜡液均匀涂于果面。机械打蜡,适用于数量较大和不带枝叶的果实,机械操作高效、省工、省保鲜剂。

2. 液态膜(SM)水果保鲜剂的应用 重庆师范学院研制的液态膜保鲜剂有 SM-2、SM-3、SM-6、SM-7 和 SM-8。其中,SM-6 用于砂糖橘果实保鲜、防衰老,其液态膜为乳白色溶液,对人体无害。使用时,将 SM 保鲜剂倒入盆(桶)内,先加少量 60℃ 热水充分搅拌,使之完全溶化,再加冷水稀释 10 倍,冷却至室温后将无病伤果实放入浸泡 5～10 秒钟,然后捞出沥干水,晾干后用软布擦净或包装贮运。

(三)预 贮

刚采下的砂糖橘果实,果皮鲜脆容易受伤,水分含量高,并带有大量的田间热,若不进行预贮,易造成贮藏环境温度过高、湿度过大,有可能在短短的几天内就发生严重的腐烂,造成重大损失。因此,通常应将采下的果实放在通风处,经 1～2 天预贮,散失其带有的田间热,起到降温、催汗和预冷的作用。同时,经预贮的果实,果皮水分蒸发一部分后果皮软化,并具有弹性,可减少在包装贮运过程中的碰、压伤,并可降温降湿和减缓果皮呼吸强度,并且贮藏后期果实的枯水率可大大减少。另外,经预贮,可使果实的轻微伤口得到愈合。

(四)分级、包装与运输

1. 分级　果品经营要实现商品化和标准化,就必须实行分级。果实分级执行农业部 NY/T 869—2004 砂糖橘分级标准。

(1)果品理化指标　砂糖橘果品理化指标如表 9-1 所示。

表 9-1　砂糖橘果品理化指标

项　目	一　级	二　级	三　级
可溶性固形物≥(%)	12.0	11.0	10.0
柠檬酸≤(%)	0.35	0.40	0.50
固酸比≥	34	27	20
可食率≥(%)	75	70	65

(2)果品感官质量指标　砂糖橘果品分级标准如表 9-2 所示。果实达到级别大小,但质量根据砂糖橘果实特点和规格要求,果实按大小和质量指标只达到下一个级别时,应降 1 个质量等级对待。分成若干等级,其目的是使果品经营商品化和标准化,使砂糖橘果品经营中做到优质优价,满足不同层次的需要。通常根据砂糖橘果实形状、果皮色泽、果面光洁度及成熟度进行分级,不符合分级标准的果实均列为等外果,应做急销果处理。

(3)分级方法　对不带叶的砂糖橘果实,可用打蜡分级机进行分级,整个生产工艺流程为:

原料→漂洗→清洁剂洗刷→冷风干→涂蜡(或喷涂允许加入杀菌剂的蜡液)→擦亮→热风干→选果→分级

生产"叶橘"时,根据客户或市场需求,采用手工操作。手工分级操作时,果实大小的横径可用分级板或分级圈测量,果重用称重法计量。

表 9-2 砂糖橘果品分级标准

内容 等级	规格	果形	色泽	光洁度	成熟度	风味
一级	果实横径在 40～50 毫米	果扁圆、果顶微凹、果底平、形状一致,无畸形果,果形指数为 0.6～0.75	橘红色,鲜艳有光泽。摘果初期淡绿色面积不得大于果面 10%	果面洁净,油胞凸,密度中等,果皮光滑,无裂口、无深疤、无硬疤。果蒂平滑、无破损。允许病虫害斑点不超过 2 个,每个斑点直径不超过 2 毫米	成熟度达八成以上	甜酸适度,醇香风味持久
二级	果实横径在 40～45 毫米和50～55 毫米	果扁圆、果顶微凹、果底平、形状较一致,无畸形果	淡橘红色,鲜艳有光泽。摘果初期淡绿色面积不得大于果面 11%～20%	果面洁净,油胞凸,密度中等,果皮光滑,无裂口、无深疤、无硬疤。95% 果实果蒂平滑、完整。允许病虫害斑点不超过 4 个,每个斑点直径不超过 3 毫米	成熟度达八成以上	甜酸适度,有香气

续表 9-2

等级＼内容	规格	果形	色泽	光洁度	成熟度	风味
三级	果实横径在 35～40 毫米和 55～60 毫米	扁圆、果顶微凹、果底平、果形尚端正、无明显畸形	浅橘红色，鲜艳稍有光泽，摘果初期淡绿色面积不得大于果面 21%～35%	果面洁净，油胞凸，密度中等，果皮光滑，无裂口、无深疤、无硬疤。90%果实果蒂平滑、完整。允许病虫害斑点不超过 6 个，每个斑点直径不超过 3 毫米	成熟度达七成以上	甜酸适度，有醇香回味

　　2. 包装　分级后的果实,多采用塑料筐装运。目前,砂糖橘果实推广纸箱包装,每箱装果 10～15 千克。经包装的果实,规格一致,方便贮藏、运输和销售。但生产中内销果实,大多采用竹篓、塑料篓等容器包装,竹篓每篓装 5～10 千克,塑料篓每篓装 1.5～2.5 千克。不管采用何种容器包装,对于产自同一产区、同一品种和级别的果实,应力求包装型号、规格一致,以利商品标准化的实施。应注意箱(篓)底、箱(篓)内应有衬垫物,防止擦伤果实。

　　3. 运输　运输要求便捷,轻拿轻放,空气流通,严禁日晒雨淋、受潮、虫蛀、鼠咬。运输工具要清洁、干燥、无异味,远途运输需要具备防寒保暖设备,以防冻伤。

三、贮藏保鲜

砂糖橘采收期集中,果实采收后处理不当极易腐烂,严重影响果品销售,甚至造成丰产不丰收,经济效益差。因此,选择合适的贮藏方法,搞好果品的贮藏保鲜,减少果品贮藏损失,是提高果品经济效益、实现丰产丰收的关键措施。

(一)影响贮藏的因素

1. 果实成熟度 果实成熟度直接影响贮藏效果。采摘过早,影响果实风味和品质,而且果实失水多,还影响贮藏效果;采收过迟,果实在树上就已完全成熟或过度成熟,会缩短贮藏寿命,还易导致枯水病的发生。一般来说,贮藏用的果实,以果面绿色基本消失、有 2/3 以上的果皮呈现砂糖橘固有色泽时采摘为宜。

2. 采摘及采后处理质量 采摘及采后处理质量,直接影响砂糖橘果实的贮藏效果。在采收、分级、包装和运输过程中造成的机械损伤,轻者引发油斑病,影响果实的商品外观;重者出现青霉病、绿霉病,造成严重损失。因此,在操作过程中,应尽量减少果实损伤,以延长果实贮藏期。

3. 贮藏期间的环境条件 适宜的贮藏环境条件,有利于砂糖橘果实的贮藏。果实入库前应充分预贮,使果实失重 3% 左右,抑制果皮的生理性活动,可减轻果实枯水的发生。同时,还可起到降温的作用,使轻微伤果伤口得到愈合,不至于使贮藏库的温度剧增而影响果实的贮藏性,并注意通风换气。

(1)温度 在一定的温度范围内,温度越低,果实的呼吸强度越小,呼吸消耗也越少,果实较耐贮藏。因此,在贮藏期间维持适当的低温,可延长贮藏期。但温度过低,易发生水肿病;温度过高,尤其是当温度为 18℃～26℃时,有利于青霉病、绿霉病病菌的繁殖和传播。砂糖橘果实贮藏期间的温度应控制在 6℃～10℃为宜。

（2）湿度 贮藏环境湿度过小，果实水分蒸发快，失重大，保鲜度差，果皮皱缩，品质降低；湿度过大，果实青霉病、绿霉病发病严重。砂糖橘果实贮藏环境空气相对湿度应控制在 80%～85%。

（3）气体成分 砂糖橘果实贮藏过程中，适当地降低氧气含量，增加二氧化碳的含量，可有效地抑制果实的呼吸作用，延长贮藏期限。一般空气中二氧化碳含量为 0.03%，贮藏库中二氧化碳浓度达 10% 以上时，果实易发生水肿或干疤等生理性病害，不利于贮藏。砂糖橘果实贮藏环境中二氧化碳浓度控制在 3%～5% 较为合适，生产中应及时进行通风换气，调节贮藏库中的气体成分，有利于砂糖橘果实的贮藏。

（二）贮藏方法

砂糖橘果品贮藏保鲜方法有多种，既有传统的农家简易库贮藏，又有采用现代技术的贮藏，有气调贮藏、冷藏，还有留树贮藏等。具体采用何种贮藏方法，既要从经济技术条件出发，因地制宜，因陋就简；又要有长远打算和规模效益。

1. 通风库贮藏 通风贮藏库，主要利用室内外温差和库底温差，可通过关启通风窗，调节库内温度和湿度，排除不良气体，保持稳定而较低的库温。通风库贮藏，库容量大、结构坚固，砂糖橘产区和销售区均可采用。

（1）建房 库址应选择在交通方便、四周开旷和地势干燥的地方，库房坐北朝南。库房的大小，依贮藏果实的多少而定，但不宜过宽，宽度以 7～10 米为宜，长度不限，高度（地面至天花板）以3.5～4.5 米为宜。贮藏库可分成若干个小室，每室约 32 米²，每室可贮藏果实 8 000 千克左右。小室的库房温湿度较稳定，有利于果实贮藏。若要保持通风库库温稳定，库房还应具备良好的隔热性能,建库时要考虑墙壁、屋顶的隔热保温性能,尽量使库温不产生较大的波动。库房墙体的建筑材料,可根据当地条件灵活采用。可砌成一层砖墙(24 厘米厚)加一层斗砖墙(厚 24 厘米,斗内填上炉渣或砻糠),两墙之间为 14 厘米的空气层,墙体厚度(包括抹灰厚度在内)为 64 厘米。屋顶呈"人"字形。要修天花板,天花板上的隔热层填充 30～50 厘米厚的稻草或木屑等。隔热层材料中宜加少许农药防虫蛀。库口设双层套门,库房进门处设缓冲走廊,避免开门时热空气直接进入贮藏室,门向以朝东或东北为好。

库房必须具有良好的通风设施,库顶有抽风道,屋檐有通风窗,地下有进风道,组成库房通风循环系统。每间贮藏室均有两条进风道通至货位下,均匀地配置 8 个进风口,进风口总面积为 2 米²。在进风地道上设置插板风门,以控制进风量和库内温度。进风地道通入库房处以及进风道进入各贮藏室的进风口上,均安设涂有防护漆的铁丝防鼠网。顶棚抽风道均设排风扇,并安置一层粗铁丝网,防止鼠、鸟入库危害。排风扇直径为 400 毫米、电压 220 伏,排风量为 50 米³/分,随时可进行强制通风(图 9-2)。

(2)果实入库 贮藏前,把包装容器放入库内,每 100 米³ 的库容用硫磺粉 1～1.5 千克、氯酸钾(助燃剂)0.1 千克,用干木屑拌匀,分几堆点燃,发烟后密闭库房 2～3 天消毒,然后打开风窗通风。也可用 40%甲醛 20～40 倍液,或 4%漂白粉液,或 1%新洁尔灭溶液喷雾消毒。对果实进行防腐处理后,装入已消毒的果箱(篓)中。注意装箱不能太满,以装九成满为宜,防止果实被压伤。果实入库后,按"品"字形堆垛,最底层用木条或砖块垫高 10 厘米左右,箱与箱之间留出 2～3 厘米空间,以利于堆内空气流通。堆高 6～10 层为宜,每堆之间留出 0.8～1 米的过道,以利通风和入库检查,垛面距库顶 1 米左右。入库初期,要注意加强通风降温,一般夜间通风,白天关闭风道和门窗,保持适宜的温度、湿度。

(3)入库后的管理 砂糖橘贮藏需要低而稳定的温度和较高

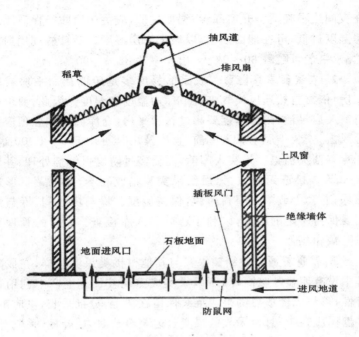

图 9-2　通风贮藏库剖面图

的湿度,所以控制库内温度、湿度的变化是库房管理的主要工作。
入库后的 14~21 天,因堆满库房的果实带有大量田间热,使库温
升高,同时果实呼吸旺盛,蒸发量大、湿度大,因此降温排湿是库房
管理的首要任务。除雨、雾天外,日夜打开所有通风窗,晚上开启
排风扇,加强通风,使库内的温湿度迅速下降。通常,库温控制在
8℃~10℃,空气相对湿度保持在 75%~80%,以利于伤口愈合。
12 月份至翌年 1 月份,由于气温下降,库温较低也较稳定,应根据
库内外温湿度情况,进行适当的通风换气,一般要求库内空气相对
湿度保持在 85%~90%,库温以 4℃~10℃为好。如温度过高,可

在夜间或早晚适当开窗降温；温度过低，应关门窗防寒保温。若库房湿度过低，可在地面洒水，以增加库房湿度。砂糖橘利用通风库贮藏，一般可贮藏 60～90 天，出库率达 85％～90％。

2. 农家简易库贮藏 农家简易库多是砖墙瓦面平房或砖柱瓦房，依靠自然通风换气来调节库内温度和湿度。因此，要求仓库门窗关启灵活，门窗厚度要超过普通平房，仓库四周和屋顶应加设通风窗，安装排风扇。入库前，仓库及用具可用 500～1 000 毫克/千克多菌灵消毒。果实入库前，需要经过防腐保鲜剂处理，并预贮1～2 天。挑选无病虫、无损伤果实装箱或装篓，按"品"字形进行堆垛，并套上或罩上塑料薄膜，保持湿度。垛与垛之间、垛与墙之间要保持一定的距离，以利于通风和入库检查。库房的管理与通风贮藏库相似。

3. 留树贮藏 砂糖橘果实与其他柑橘类果实一样，在成熟过程中没有明显呼吸高峰，所以果实成熟期较长。生产中利用这一特性，可将已经成熟的果实继续保留在树上，分批采收，供应市场。砂糖橘应在 12 月份采收的果实延迟至春节时以"叶橘"采收上市，供消费者作年货馈赠亲友，售价明显提升。近年来，随着气候变暖，出现暖冬现象，砂糖橘留树贮藏已获得成功。树上留果保鲜的果实，色泽鲜艳，含糖量增加，可溶性固形物含量提高，柠檬酸含量下降，风味更香甜，肉质更细嫩化渣，深受消费者的欢迎。

(1)加强肥水管理 留果必然增加树体负担，消耗更多的养分，若营养供应跟不上，就会影响翌年的产量。11 月上旬要重施有机肥 1 次，留果 40～60 千克的树，每株施含 500～1 000 克经沤熟的麸肥或猪粪 50～75 千克、三元复合肥 200～300 克，另加草木灰 5 千克、过磷酸钙和硫酸钾各 250 克，并结合进行灌水抗旱。同时，注意喷施有机营养液，如叶霸、农人液肥、氨基酸、倍力钙等，增加树体营养，提高树液浓度，增强抗寒力，以利于翌年花芽形成。留果期间，若发现果皮松软，应属于冬旱缺水，要及时灌水，保持土壤湿润。平地或水田果园由于水利条件好,易于满足砂糖橘需水较多的特性,树上留果保鲜易获得成功。采果后要立即灌水,并施以速效氮肥为主,兼施磷、钾肥,以迅速恢复树势,促春芽萌动,力争连年丰产。

(2)**果实管理**　砂糖橘果实在由深绿色变为浅绿色时,树冠喷施赤霉素 10～15 毫克/千克溶液,可延迟果实表皮衰老。若发现果实外果皮松软、果品质下降,要及时采收,避免损失。同时,应加强病虫害防治,尤其是炭疽病的发生,加喷杀菌剂以保叶过冬。适当使用赤霉素,延缓果实衰老,防止因橘果过熟,果皮衰老,感染病害,造成贮运时因果实相互挤压产生大量烂果。树上留果可达1～2 个月,稳果率达 90% 以上。生产中只要加强留树期间管理和采果树的栽培管理,就不会影响翌年产量。

(3)**喷药**　留果期间,树冠可喷施 70% 甲基硫菌灵可湿性粉剂 1 000 倍液,或 50% 多菌灵可湿性粉剂 800 倍液,也可结合喷施赤霉素。留果保鲜期间,果皮已衰老,易产生药害,喷药时应注意用药浓度,对强碱性农药要控制使用,以免产生油胞破损现象,影响果实品质,甚至烂果、落果。若此时有"冬寒雨至",雨水会使树上大果的果皮吸水发泡,要及时采收,避免引起烂果。

(4)**防止果实受冻**　留果期间,易遭受低温霜冻,应注意采取措施预防。果实冻伤后,果皮完好而皮肉分离,用手压有空壳感,不堪食用,造成经济损失。冬季气温低的地方不宜采用此法贮藏。

(三)贮藏期病害及防治

1. 侵染性病害

(1)**青霉病和绿霉病**　青霉病和绿霉病是砂糖橘贮运期间发生最普遍、危害最严重的病害。常在短期内造成大量果实腐烂,特别是绿霉病在气候较暖的南亚热带发病较重。

①**危害特点**　青霉菌和绿霉菌侵染砂糖橘果实后,出现柔软、

褐色、水渍状略凹陷皱缩的圆形病斑。2～3 天后病部长出白色霉层，随后在其中部产生青色或绿色粉状霉层，在病斑周围仍有一圈白色霉层带，病、健交界处仍为水渍状环纹。在高温高湿条件下，病斑迅速扩展，深入果肉，致使全果腐烂，全过程只需 7～14 天；干燥时则成僵果。病部对包果纸及其他接触物，无黏着性的为青霉病，有黏着性的为绿霉病。青霉病和绿霉病危害症状的区别如表9-3 所示。

表 9-3　青霉病和绿霉病危害症状比较

项　目	青霉病	绿霉病
分生孢子	青色，可延及病果内部，发生较快	绿色，限于病果表面，发生较慢
白色霉带	粉状狭窄，仅 1～2 毫米	胶状，较宽，8～15 毫米
病部边缘	水渍状，边缘规则而明显	边缘水渍状不明显，不规则
气　味	有霉气味	具芳香味
黏附性	对包果纸及其他接触物无黏着力	往往与包果纸及其他接触物粘连

　　病害最适空气相对湿度为 95％～98％，青霉病最适温度为18℃～26℃，绿霉病为 25℃～27℃。所以，砂糖橘在贮藏初期多发生青霉病，贮藏后期随着库内温度增高，绿霉病发生较多。在采摘和贮运过程中损伤果皮，或采摘时果实已过度成熟，均易发病。雨后或雾、露水天气采摘的果实易发病，果面伤口是发病的关键因素。

　　②防治方法　一是严格采果操作规程，确保采果质量。二是果实防腐处理。采下的果实，及时地进行防腐处理，可防止病菌传染，减少在贮藏和运输中的损失。三是库房及用具消毒。四是控制库房温湿度。砂糖橘贮藏库房温度要求控制在 4℃～10℃，空气相对湿度控制在 80％～85％，并注意通风换气。五是采果选择适宜的天气，注意不要在降雨、有雾或露水未干时采摘，以免果实

附有水珠而引起腐烂。

(2)蒂腐病　柑橘褐色蒂腐病和黑色蒂腐病统称蒂腐病,是柑橘贮藏期间普遍发生的重要病害,常造成大量果实腐烂。

①危害特点　褐色蒂腐病是柑橘树脂病病菌侵染成熟果实引起的病害。果实发病多自果蒂或伤口处开始,初为暗褐色水渍状病斑,随后围绕病部出现暗褐色近圆形革质病斑,通常没有黏液流出,后期病斑边缘呈深褐色波纹状。果心腐烂较果皮快,当果皮变色扩大到果面 1/3～1/2 时,果心已全部腐烂,故有"穿心烂"之称。病菌可侵染种子,使其变为褐色;黑色蒂腐病由另一种子囊菌侵染引起,初期果蒂周围变软呈褐色水渍状、无光泽,病斑沿中心柱迅速蔓延,直至脐部,引起穿心烂。受害果肉红褐色,并与中心柱脱离,种子黏附在中心柱上;果实病斑边缘呈波浪状,油胞破裂,常流出暗褐色黏液,潮湿条件下病果表面长出菌丝,初呈灰色,渐变为黑色,并产生许多小黑点。黑色蒂腐病病菌从果柄剪口、果蒂离层或果皮伤口侵入,在 27℃～30℃ 条件下果实最易感病且腐烂较快,20℃以下或 35℃以上腐烂较慢,5℃～8℃时不易发病。

②防治方法　在采果前 1 周,树冠喷洒 70% 甲基硫菌灵可湿性粉剂 1 000 倍液,或 50% 多菌灵可湿性粉剂 2 000 倍液。果实采收后 1 天内,用 500 毫克/千克抑霉唑溶液,或 45% 咪鲜胺乳油 2 000 倍液浸果,如加入 200 毫克/千克 2,4-D 的溶液,还有促进果柄剪口迅速愈合、保持果蒂新鲜的作用。此外,采收用工具及贮藏库,可用 50% 多菌灵或 50% 硫菌灵可湿性粉剂 200～250 倍液消毒。贮藏库用 10 克/米³ 硫磺密闭熏蒸 24 小时。

(3)黑腐病　又名黑心病,主要危害贮藏期果实,使其中心柱腐烂。果园幼果和树枝也可受害。

①危害特点　果园枝叶受害,出现灰褐色至赤褐色病斑,并长出黑色霉层;幼果受害后常成为黑色僵果。成熟果实通常有两种症状:一是病斑初期为圆形黑褐斑,扩大后为微凹的不规则斑,高

温高湿时病部长出灰白色绒毛状霉,成为心腐病。二是蒂腐型,即果蒂部呈圆形褐色软腐、直径约为 1 厘米的病斑,病菌不断向中心蔓延,并长满灰白色至墨绿色的霉。病菌在枯枝的烂果上生存,分生孢子靠气流传播至花或幼果上,潜伏于果实内,直至果实贮藏一段时间出现生理衰退时才发病。高温高湿易发病,果实成熟度越高,越易发病。遭受日灼和虫伤、机械伤的果实,易受病菌侵染。

②防治方法 果实采收前参照树脂病防治方法。采收过程中,及采收后参照绿霉病、青霉病防治方法。

2. 生理性病害

(1)枯 水 病

①危害特点 病果外观与健果没有明显的区别,但果皮变硬,果实失重。切开果实,囊瓣萎缩、木栓化,果肉淡而无汁。果皮发泡、与果肉分离,汁胞失水干枯,但果皮仍具有很好色泽。枯水多从果蒂开始,一般成熟度高的果实枯水病发生较严重,贮藏时间长,病情较重。

②防治方法 一是在果实着色七八成熟时,即可采摘,防止过迟采果。二是果实采摘后适当延长预贮时间,保证足够的发汗时间。三是采果前,树体喷施 1 000～2 000 毫克/千克丁酰肼(比久)溶液,可减轻发病。四是不偏施化肥,重视有机肥和农家肥的施用。

(2)水 肿 病

①危害特点 果实呈半透明水渍状、水肿,果皮浅褐色,后期变为深褐色,有浓烈的酒精味,果皮、果肉分离。这是由于贮藏环境温度偏低,通风换气不良、二氧化碳积累过多而引起的生理性病害。

②防治方法 一是砂糖橘贮藏库温度应控制在 4℃～10℃。二是气调贮藏。适当降低贮藏库内氧气含量,并将二氧化碳浓度控制在 3%～5%。三是采果前 15～20 天喷洒 10 毫克/千克赤霉

素溶液,对防止病害的发生有较好效果。

(3)油斑病　又称虎斑病、干疤病,主要发生在贮藏后1个月左右。油斑病不仅影响果实的外观,而且还易导致其他病菌侵入,造成果实腐烂。

①危害特点　病果在果皮上出现形状不规则的淡黄色或淡绿色病斑,病斑直径多为2~3厘米或更大。病、健交界处明显,病部油胞间隙稍下陷,油胞显著突出,后变黄褐色,油胞萎缩下陷。病斑不会引起腐烂,但如果病斑上污染有炭疽病菌孢子等,则往往会引起果实腐烂。油斑病是由于油胞破裂后橘皮油外渗,侵蚀果皮细胞而引起的一种生理性病害。树上果实发病是由于昼夜温差大、露水重、风害、果实近成熟时受到机械损伤、受红头叶蝉等危害,或果实生长后期使用石硫合剂、松脂合剂和胶体硫等农药所致。贮藏期果实受害主要是由于采收和贮运过程中的机械伤害,以及在贮藏期间温湿度和气体成分等多种因素不适宜,引起橘皮油外渗而诱发油斑病。砂糖橘果皮细密脆嫩,故易发生油斑病。

②防治方法　一是适时采摘。果实适当早采,可减轻发病。注意在雨水、露水未干时不宜采摘,在霜冻出现前应采摘完毕。二是防止机械损伤。果实在采摘、盛放、挑选、装箱和运输等操作过程中,注意轻拿、轻放、轻装和轻卸,避免人为机械损伤。三是控制库房温湿度。果实入库前,应进行预贮。贮藏库温度要求控制在4℃~10℃,空气相对湿度控制在80%~85%,并注意通风换气。四是果实生长后期,加强对红头叶蝉等刺吸式口器害虫的防治,并注意此期不要使用碱性大的药剂。

第十章　砂糖橘周年管理技术

一、春季管理(2～4 月份)

(一)2 月份(立春至雨水)

1. 气候　气温开始回升,经常出现低温阴雨天气。

2. 物候期　春芽萌动期,根系开始生长。

3. 农事活动

(1)灌水　上年冬季气候干旱缺水,遇春旱时适当灌水可促花芽完全分化,防止因干旱影响春梢的生长和花序的发育,并注意树盘覆盖保湿。

(2)施肥　雨水节气过后,开始追施催芽肥,结果树施以速效氮为主的促花肥,也可叶面喷施 0.5% 尿素＋0.3% 磷酸二氢钾混合液 1～2 次,或 0.1% 硼砂溶液;幼龄树施梢前肥和梢后肥,并适量撒施石灰于树盘周围。

(3)修剪　幼龄树,立春后结合定形进行拉枝、弯枝,并及时抹除主干及主枝上的不定芽,花蕾露白时抹除花蕾。成年树,早春可短截外围延长枝,疏剪密生枝、交叉枝、枯枝、病虫枝,清除扰乱树形的徒长枝,适当回缩近地面的下垂枝,树冠郁闭的应适度"开天窗",即将树冠上部或外围直立枝、上位枝剪除若干,以改善光照条件。

(4)病虫害防治　此期病虫害主要有红蜘蛛成虫及卵块、介壳虫、苔藓、地衣等,应加强防治。

(5)开沟排水　开好畦沟及园边沟,做到雨停园干不积水。

(二)3 月份(惊蛰至春分)

1. 气候　气温继续回升,经常出现低温阴雨天气或春旱。

2. 物候期　春梢生长期,根系生长较快。

3. 农事活动

(1)施肥　以春芽萌发前施肥为宜,要求在惊蛰前后施完催芽肥,以速效氮肥为主,配合施用磷肥。成年树,在树盘内均匀撒施,每株可施尿素 0.2～0.25 千克、三元复合肥 0.35～0.5 千克,或浇稀粪水适量;生长势旺的树可少施或不施春肥。幼龄树、衰弱树或坐果率不高的树,为了促进花芽分化,可适当提早施肥,即立春前每株在树盘内均匀撒施尿素 0.1 千克、三元复合肥 0.2～0.3 千克,或浇施粪肥时加入尿素;反之,树势过旺的则需要在控制花量的情况下,适当延迟施肥。

(2)修剪　对树势较弱和花量大的树,可适当疏花,摘除部分无叶花,减少营养消耗,提高坐果率。幼龄树,继续疏除主干上的不定芽,摘除花朵。

(3)病虫害防治　结合修剪,剪除病虫枝叶;在芽长至约 1 厘米长时,树冠喷施 1∶1∶100 波尔多液防治春梢疮痂病;春分前后喷施 5% 噻螨酮乳油 2 000 倍液防治红蜘蛛、凤蝶;春分后,用 2% 噻嗪酮颗粒剂(1 千克/667 米²),拌入细土 50 千克,撒施地面,防治花蕾蛆成虫。

(4)缺株补树　惊蛰前后,幼龄果园出现缺株的应及时进行补种,成年果园可进行高接换头换种。

(三)4 月份(清明至谷雨)

1. 气候　气温继续升高。

2. 物候期　春梢老熟期,现蕾开花期,根系第一次生长高峰。

3. 农事活动

(1)花前复剪 凡满树皆花的多花量树,适当重剪、疏剪,或短截一部分着花蕾的结果母枝,以促发新梢,使之成为翌年的结果母枝。按"三去一、五去二"的原则抹去密集春梢,并对旺长春梢摘心。及时疏去病虫果、畸形果等。

(2)保花保果 在初花期喷施以硼为主的叶面肥,花谢 3/4 时喷布 1 次 50 毫克/千克赤霉素,进行保花保果;谢花期补施叶面肥,如农人液肥、氨基酸钙等,也可用 0.3％尿素＋0.2％磷酸二氢钾混合液,或其他果树营养液喷布树冠,及时补充树体营养,可减轻花后落果。

(3)深翻扩穴 幼龄果园在树冠滴水线下,结合冬季绿肥压青,深翻扩穴改土。

(4)病虫害防治 主要防治疮痂病、红蜘蛛、蚜虫、花蕾蛆、潜叶甲等病虫害。

(5)播种夏季绿肥 幼龄果园行间空地进行耕翻,准备播种花生、早大豆、猪屎豆等夏季绿肥。

二、夏季管理(5～7 月份)

(一)5 月份(立夏至小满)

1. 气候 气温升高快,开始出现汛期,注意防涝。

2. 物候期 早夏梢萌发期,生理落果期。

3. 农事活动

(1)保花保果 加强肥水管理。用赤霉素、防落素等植物生长调节剂处理并结合春剪控制春梢,一般在花谢 2/3 和第一次生理落果结束时,结合叶面施肥、防病治虫喷洒,喷后 2～3 天即开始生效,5～6 天后效果达到最高峰。赤霉素持效期可达 25～30 天。

控制晚春梢,可采用抹除或摘心的方法,促使营养生长转向生殖生长。

(2)病虫害防治　此期病虫害主要有幼果疮痂病、红蜘蛛、蚜虫、卷叶蛾、长白蚧、糠片蚧、矢尖蚧、黑刺粉虱等应加强防治。

(3)除草施肥　施促早夏梢肥,以氮肥为主。铲除树盘及株间杂草,结合收割间种绿肥,压青改土。

(4)抹除夏梢　及时抹除夏梢,有利于保果。在夏梢芽萌发时,每隔3~5天抹除1次。

(5)防洪排涝　及时排除果园积水,平地果园注意防涝,山地果园加强水土保持。

(6)中耕除草　继续果园中耕除草。

(二)6月份(芒种至夏至)

1. 气候　进入高温天气,为防汛的主要时期,注意防涝。

2. 物候期　夏梢生长期,第二次生理落果期,夏梢老熟后,根系第二次生长高峰期。

3. 农事活动

(1)夏季修剪　从小满至夏至(5月下旬至6月下旬),早剪早发枝。对夏梢生长旺盛的树,可采取控制夏梢,防止落果。通常,夏芽萌至5厘米左右,每3~5天抹除1次,也可留2~3叶摘心处理夏梢,以减少养分消耗,有利保果。此期的落果(6月落果),果实的大小似玻璃球,幼龄树落果多为大量发生夏梢所致,成年树大量落果为营养不良引起,叶多果多,叶少果少。剪除落花落果的母枝,易促发秋梢,此类母枝多数有一定的营养基础,对其应剪到饱满芽的上方。通常无春梢的弱小落花落果母枝,留1~2片叶后短截;无春梢而较粗壮的落花落果母枝,留5~6片叶后短截。对郁闭果园进行"开天窗"修剪,对衰老树提早回缩更新大枝。

(2)施肥　凡营养不足的树,在5月下旬施用稳果肥可以显著降低第二次(5 月下旬至 6 月下旬)的落果幅度,提高坐果率。如施肥不当,有时会引起夏梢的大量发生,加剧梢、果对养分的竞争,同样也会导致大量的落果。因此,这次施肥要依树势和结果多少而定,对结果少的旺树可不施或少施,对结果多、长势中等或较弱的树要适量施肥。以速效氮肥为主,配合适量的磷肥。及时翻埋夏季绿肥,可以抗旱、壮果和壮梢。

(3)病虫害防治　此期病虫害主要有卷叶蛾、红蜡蚧、长白蚧、糠片蚧、矢尖蚧、锈壁虱等,应加强防治。

(4)压青改土　幼龄果园刈割间种绿肥和铲除畦面杂草,进行植株压青改土。

(5)中耕除草　除草松土,搞好树盘覆盖。

(三)7 月份(小暑至大暑)

1. 气候　是全年最热的月份,为暴雨季节。

2. 物候期　迟夏梢生长期,果实迅速膨大期。

3. 农事活动

(1)施壮果肥　7～9 月份施肥具有壮果催梢和促进花芽分化的作用,对提高当年产量和翌年丰产打基础关系极大。对结果多而树势弱的植株更需早施肥,可在 7 月上旬每株施枯饼 1.5～2.5 千克、硫酸钾 1 千克,初结果树每株可施腐熟饼肥 1～1.5 千克。遇伏旱,施肥应结合抗旱进行。

(2)树盘覆盖　幼龄、成年砂糖橘树盘覆盖,可以降低地表温度、减少水分蒸发,以抗高温干旱;保护表土不被雨水冲刷,保持土壤疏松。覆盖结束时,将已腐熟的有机质翻入土中。注意防旱,适时灌水。

(3)修剪　7 月 20 日前彻底抹除应抹除的夏梢,7 月底进行夏剪,以促发强壮秋梢。对挂果量大的结果树可提前放大暑梢。

(4)病虫害防治　此期主要病虫害有溃疡病、锈壁虱、红蜘蛛、潜叶蛾、蚱蝉、天牛等,应加强防治。

三、秋季管理(8～10月份)

(一)8月份(立秋至处暑)

1. 气候　持续高温,台风次数较多。

2. 物候期　早秋梢萌发,果实膨大期。

3. 农事活动

(1)抗旱防裂果　本月为砂糖橘裂果初发期,为预防裂果,田间管理的重点是果园旱灌涝排。立秋前后灌水1次,8月中下旬树冠喷施2%～3%石灰水(加少许食盐,增加黏着力),对向阳果进行涂果,或贴废报纸,防止日光灼果。也可对树冠喷施0.3%硫酸钾+0.1%硼酸混合液2次防裂果。在裂果初发期或久晴后暴雨前,应防诱发大量裂果,并注意防涝。根据树体旺盛情况,大枝可螺旋割2/3～1.5圈(旺枝割1.5圈,壮枝割2/3圈),可减轻裂果。

(2)喷施叶面肥　叶面喷施0.3%尿素+0.2%磷酸二氢钾混合液,或喷施新型叶面全营养肥叶霸,或绿丰素、氨基酸、倍力钙液1～2次,促进秋梢转绿。

(3)及时放秋梢　放早秋梢时期为7月中下旬至8月10日前,在阴雨天及时放秋梢。等秋梢长至6～8片叶时摘心,并抹除枝背上秋梢,疏除过多密生秋芽或秋梢,待70%以上的芽萌发时统一放梢。

(4)病虫害防治　8月10日前抽发的早秋梢,一般能避开潜叶蛾危害,但仍应喷药防治,同时还要加强对蚜虫、炭疽病的防治。立秋前剪除黑蚱蝉成虫产卵受害枝条,集中烧毁。及时防治潜叶蛾、粉虱和锈螨等。

(5)翻埋夏季绿肥 8 月下旬幼龄树逐渐扩穴,翻埋夏季绿肥,进行改土。

(二)9 月份(白露至秋分)

1. 气候 月平均温度逐渐下降,并开始进入秋旱。

2. 物候期 早秋梢老熟期,迟秋梢萌发,根系进入第三次生长高峰,果实膨大期。

3. 农事活动

(1)施肥 变冬肥为秋施,促进花芽分化,树体恢复。9 月底施基肥,以人、畜粪肥和饼肥、堆肥等有机肥为主,配以适量速效性磷、钾肥或复合肥,每株可施枯饼 4～5 千克、三元复合肥 0.5 千克、钙镁磷肥 0.25～0.5 千克。

(2)修剪 9 月下旬,对树冠直径达 1 米以上的幼龄树进行拉枝整形,整形以自然开心形为主,拉枝角度与主干保持 45°～60°,角度不宜拉得太大,严禁拉成下垂枝。秋分开始时,抹除晚秋梢,以提高果实品质、降低病虫危害。

(3)病虫害防治 主要病害有炭疽病和褐腐病,主要虫害有叶螨、粉虱类和蚧类,应加强防治。

(4)翻埋夏季绿肥 继续深翻扩穴,翻埋夏季绿肥,进行土壤改良。

(5)旺树促花 9 月底用环割刀或电工刀,在幼龄结果树或旺长不结果树主干或主枝光滑处环割 1～2 圈,具有良好的促花效果。也可在白露后树冠喷施 15%多效唑 500 毫克/千克,进行促花。

(6)防裂果日灼 本月为砂糖橘裂果高发期,应采取措施防治裂果,可树冠喷施 2%石灰水＋0.2%硼酸混合液,或 50 毫克/千克赤霉素溶液防裂果和日灼。

(三)10 月份(寒露至霜降)

1. 气候　气温逐渐下降,开始进入秋旱。

2. 物候期　早秋梢老熟期,迟秋梢萌发,根系进入第三次生长高峰,果实膨大期。

3. 农事活动

(1)抑制杂草生长　采取措施控制果园杂草生长,有利于露果受光、保障通风、降低果园空气湿度和减少病虫害的发生。

(2)施肥　叶面喷施有机营养液,如氨基酸和倍力钙等,补充营养,增进果实品质。叶面喷施 10 毫克/千克 2,4-D+3％尿素+0.2％磷酸二氢钾混合液,预防采前落果。也可在果实成熟前 60 天,将含碳素高的有机物施入土壤中(如未腐熟稿秆或 2％~4％砂糖液,按每平方米树盘 5 千克的标准施用),使土壤中过剩的无机氮再次有机化,抑制根系在果实成熟前对氮素的过量吸收,有利于降低土壤和叶片中的无机氮含量水平,从而促进果实着色、增糖减酸和适时成熟,提高果实品质。

(3)病虫害防治　砂糖橘采前落果常伴有虫伤果、褐腐病和青霉菌、绿霉菌的感染,还伴有裂果。因此,在防止采前落果时应结合病虫害防治,并人工拣除病虫害果集中销毁,以降低果园再次侵染源。主要害虫有红黄蜘蛛、锈螨、粉虱和吸果夜蛾等,防治时应注意农药采收安全间隔期,一般宜选用生物农药和物理杀伤性农药,如用阿维菌素+硫磺胶悬剂控制危害,后期用硫磺胶悬剂,可兼有隔离病菌侵染和果皮催色的效果。此期病虫害防治彻底,还可降低贮藏腐烂损失。吸果夜蛾,可采用装黑光灯或用糖醋诱饵诱杀。

(4)播种绿肥　播种肥田萝卜、黑麦草、紫云英和箭筈豌豆等冬季绿肥。

(5)扩穴改土　幼树继续扩穴改土,翻埋夏季绿肥。

四、冬季管理(11 月份至翌年 1 月份)

(一)11 月份(立冬至小雪)

1. 气候 气温急剧下降,小雪是寒潮开始节气。

2. 物候期 果实成熟期,采收期,花芽分化期。

3. 农事活动

(1)提高果实品质 加强果实后期管理,提升果实品质。重点加强高厢深沟排湿,降低采前土壤含水量,提高果实糖度和维持较高酸度,使果实风味浓厚。适时采收,在无霜冻的地区,采用挂树完熟,可使糖度提高 10%～20%,而且果实色泽更加鲜艳。

(2)做好采收和贮运准备 采收前应备好专用果剪、容器等物,禁用可能在采收过程中造成果实机械损伤的工具和容器。采收前 2～3 天,应将贮藏室和预贮室清扫干净,铺上清洁柔软垫料后彻底消毒备用。

(3)精心采收 立冬开始采收果实,采收时注意轻摘轻放,推行一果两剪,减少果实损伤率,提高采收质量。

(4)施肥 速施采后恢复肥,每株可施粪水 25 千克或三元复合肥 0.25 千克+尿素 0.15 千克,实施渗水浇施,有利于树势恢复。继续扩穴改土,翻埋夏季绿肥。立冬前,继续播种冬季绿肥。

(5)病虫害防治 采果后,树冠喷施松脂合剂 10～12 倍液,或 1～1.2 波美度石硫合剂,减少越冬病虫基数。做好清园工作,剪除病虫枝叶,清除园内落叶、杂草,摘除树冠僵果等,集中烧毁或深埋。

(二)12 月份(大雪至冬至)

1. 气候 气温下降至霜冻出现。

2. 物候期 相对休眠期,采收期,花芽分化期。

3. 农事活动

(1)采收 为了保证采收质量,要严格执行操作规程,认真做到轻采、轻放、轻装、轻卸。采下的果实应轻轻放入有衬垫的篓(筐)内,不要乱摔乱丢,果篓和果筐不要盛果太满,以免滚落、压伤。倒篓、转筐都要轻拿轻放,田间尽量减少倒动,防止造成碰、摔伤。对伤果、落地果、病虫果及等外果,应分别放置,不要与好果混放。

(2)病虫害防治 采果后,树冠喷施 0.8～1 波美度石硫合剂。蚧类严重的果园,树冠喷施 15～20 倍松脂合剂,消灭越冬虫害。

(3)冬季清园 继续搞好冬季清园工作,剪除病虫枝和枯枝,清扫果园枯枝落叶,集中烧毁。

(4)果园耕翻 采果后,对果园进行耕翻,深度达 20 厘米左右,铲除果园杂草。

(5)树干刷白防冻 刷白剂用生石灰 15～20 千克、食盐 0.25 千克、石硫合剂渣液 1 千克,加水 50 升配制而成。

(三)翌年 1 月份(小寒至大寒)

1. 气候 是全年最冷月份,常出现低温霜冻和大风天气。

2. 物候期 相对休眠期,花芽分化期。

3. 农事活动

(1)彻底清园 修剪带病虫的枝条,并移出园外烧毁,以降低病虫源。将不带病虫的枝叶同基肥一道翻入园土,培肥土壤。随后树冠喷 1.5～2 波美度石硫合剂或 95％机油乳剂 50～80 倍液加有机磷农药杀灭越冬病虫害。注意石硫合剂不能与机油乳剂混用,只能选用适合的 1 种药剂清园,或先喷机油,萌芽前再喷石硫合剂。

(2)果树防冻 冻前灌水,受冻时摇落冰雪可起到防冻作用。

(3)**深翻熟化土壤** 成年果园,可于树冠滴水线处开挖约 30 厘米宽、30～40 厘米深、120～150 厘米长的土穴,施入稿秆、杂草、厩肥为主的有机肥和迟效性磷肥,酸性土应补施石灰。改良土壤结构,培肥土壤,改善根群生长环境。冬季干旱时,可适度灌水,减轻旱害对树体的影响。

(4)**园地道路及灌排设施建设** 园路整修可配合树形改造及修剪进行。对地处平坝的果园,应开挖 1 米以上深沟排湿,坡台地果园应开好背沟,背沟出水口处开挖沉泥凼。水源好的果园要搞好提灌设施建设;水源差的果园,每 667 米^2 修建 1 个 10～20 米^3 的专用水池贮水备用。

附录一　中华人民共和国农业行业标准
——柑橘无病毒苗木繁育规程

1. 范围

本标准规定了柑橘无病毒苗木繁育的术语和定义、要求、柑橘病毒病和类似病毒病害检测方法、脱毒技术以及无病毒母本园、无病毒采穗圃和无病毒苗圃的建立和管理。

本标准适用于全国柑橘产区的甜橙、宽皮柑橘、柚、葡萄柚、柠檬、来檬、枸橼(佛手)、酸橙和金柑以及以它们为亲本杂交种的无病毒苗木的繁育。

2. 规范性引用文件

下列文件中的条款通过本标准的引用而成为本标准的条款。凡是注日期的引用文件,其随后所有的修改单(不包括勘误的内容)或修订版均不适用于本标准,然而,鼓励根据本标准达成协议的各方研究是否可使用这些文件的最新版本。凡是不注日期的引用文件,其最新版本适用于本标准。

GB 5040 柑橘苗木产地检疫规程

GB 9659 柑橘嫁接苗分级及检验

3. 术语和定义

3.1 适栽品种(commercial variety)　适合于当地栽培的柑橘品种。

3.2 原始母树(original mother tree)　对病毒病和类似病毒病害感染状况尚不明确的母本树。

3.3 病毒病和类似病毒病害(virus and virus-like diseases)由病毒、类病毒、植原体、螺原体和某些难培养细菌引起的植物病害。

3.4 指示植物(indicator plant)　受某种病原物侵染后,能表现具有特征性症状的植物。

3.5 茎尖嫁接(shoot-tip grafting)　将嫩梢顶端生长点连同2～3 个叶原基,长度为 0.14～0.18 毫米的茎尖嫁接于试管内生长的砧木的过程。

3.6 脱毒(virus exclusion)　采用茎尖嫁接或热处理＋茎尖嫁接方法,使已受病毒病和类似病毒病害感染的植株的无病毒部分与原植株脱离而得到无病毒植株的过程。

3.7 无病毒母本树(virus-free mother tree)　用符合本规程要求的无病毒品种原始材料繁育或经检测符合本规程要求的无病毒的可供采穗用的植株。

3.8 无病毒母本园(virus-free mother block)　种植无病毒母本树的园地。

3.9 无病毒采穗圃(virus-free increasing block)　用无病毒母本树的接穗繁殖的苗木建立的用于生产接穗的圃地。

3.10 无病毒苗圃(virus-free nursery)　用从无病毒采穗圃或无病毒母本园采集的接穗繁殖苗木的圃地。

4. 要求

4.1 接穗和砧木

4.1.1 繁殖柑橘无病毒苗木所用的接穗和砧木的品种都是适栽品种。

4.1.2 繁殖柑橘无病毒苗木所用的砧木用实生苗。

4.2 柑橘无病毒苗木不带有下述病毒病和类似病毒病害

4.2.1 国内已有品种的苗木不带黄龙病(huanglon gbing)、裂皮病(exocort is)、碎叶病(tatter leaf),柑橘衰退病毒茎陷点型强毒系引起的柚矮化病(pummelo dw arf)和甜橙茎陷点病(sweet oranges tem-pitting)以及温州蜜柑萎缩病(satsuma dw arf)。

4.2.2 从国外引进的柑橘苗木，除不带 4.2.1 所列病害外，还要求不带鳞皮病（psorosis）、木质陷孔病（cachexia）、石果病（impiet rat ura）、顽固病（stubbor n）、杂色褪绿病（variegated chlorosis）和来檬丛枝病（limew it ches'br oom）等各种病毒病和类似病毒病害。

4.3 柑橘无病毒苗木不带溃疡病

按 GB 5040 规定执行。

4.4 柑橘无病毒苗木的生长规格

嫁接口高度、干高、苗木高度、苗木径粗和根系生长按 GB 9659 规定执行。

5. 原始母树的选定

5.1 适栽品种(单株系)名单由省级农业行政部门确定。

5.2 原始母树用适栽品种的优良单株，或具有该品种典型园艺学性状的其他单株。

6. 原始母树感染病毒病和类似病毒病害情况鉴定

6.1 从原始母树采接穗，再用 40 目塑料网纱构建的网室内嫁接繁殖 4 株苗木，以备病毒病和类似病毒病鉴定和脱毒用。

6.2 病毒病和类似病毒病害鉴定可采用指示植物法（见本标准 7 和附录 A），亦可采用快速法，后者包括血清学鉴定、聚丙烯酰胺凝胶电泳鉴定和分子生物学鉴定（见附录 C）。

6.3 鉴定证明原始母树未感染本标准要求不得带有的病毒病和类似病毒病害，从该母树采接穗在网室内繁殖的苗木（同 6.1），即系柑橘无病毒苗木，可用作柑橘无病毒品种原始材料。

6.4 鉴定证明原始母树已感染本标准要求不带的病毒病和类似病毒病害，该母树要进行脱毒。

7. 指示植物鉴定

7.1 鉴定的病害，指示植物种类（品种），鉴别症状，适于发病的温度和鉴定一植株所需指示植物株数见附录 A。

7.2 指示植物鉴定在用 40 目网纱构建的网室或温室内进行。

7.3 指示植物中,E trog 香橼的亚利桑那 861 或 861-S-1 选系和凤凰柚用嫁接苗或扦插苗,其他指示植物用实生苗或嫁接苗。

7.4 接种木本指示植物用嫁接接种,一般用单芽或枝段腹接,除黄龙病鉴定外,亦可用皮接。接种草本指示植物用汁液摩擦接种。

7.5 在每一批鉴定中,鉴定一种病害需设接种标准毒源的指示植物作正对照,设不接种的指示植物作负对照。

7.6 指示植物接种时,在 1 个品种材料接种后,所用嫁接刀和修枝剪用 1%次氯酸钠液消毒,操作人员用肥皂洗手。

7.7 指示植物要加强肥水管理和病虫防治,以保持指示植物的健壮生长,并及时修剪,诱发新梢生长,加速症状表现。

7.8 在适宜发病条件下,每 3～10 天观察 1 次发病情况,在不易发病的季节,每 2～4 周观察 1 次。

7.9 指示植物的发病情况,一般观察到接种后 24 个月为止。观察期间,如果正对照植株发病而负对照植株未发病,可根据指示植物发病与否判断被鉴定植株是否带病。在鉴定某种病害的指示植物中有 1 株发病,被鉴定的植株即判定为带病。

8. 脱毒

8.1 脱毒技术

对已受裂皮病、木质陷孔病、顽固病、来檬丛枝病、杂色褪绿病或黄龙病感染的植株,采用茎尖嫁接法脱毒;对已受碎叶病、温州蜜柑萎缩病、衰退病、鳞皮病或石果病感染的植株,采用热处理+茎尖嫁接法脱毒。

8.2 茎尖嫁接脱毒技术的操作

8.2.1 茎尖嫁接在无菌条件下操作。

8.2.2 砧木准备。常用枳橙或枳的种子。剥去内、外种皮,经用 0.5%次氯酸钠液(加 0.1%吐温-20)浸 10 分钟后,灭菌水洗 3

次,播于经高压消毒的试管内 MS 固体培养基上,在 27℃黑暗中生长,2 周后供嫁接用。

8.2.3 茎尖准备及嫁接。采 1～2 厘米长的嫩梢,经 0.25% 次氯酸钠液(加 0.1% 吐温-20)浸 5 秒,灭菌水洗 3 次后切取顶端生长点连同其下 2～3 个叶原基、长度为 0.14～0.18 毫米的茎尖嫁接于砧木,放入经高压消毒的装有 MS 液体培养基的试管中,在生长箱或培养室内保持 27℃、每天 16 小时、1 000 勒光照和 8 小时黑暗条件下生长。

8.2.4 茎尖嫁接苗的移栽或再嫁接。试管内茎尖嫁接苗长出 3～4 个叶片时,可移栽于盛有消毒土壤的盆中,或将茎尖嫁接苗再嫁接于盆栽砧木上,以加速生长。

8.2.5 脱毒效果的确认。从茎尖嫁接苗取枝条嫁接于指示植物,或取样用快速鉴定法鉴定其感病情况,如果呈阴性反应,证明原始母树所带病原已经脱除。所需鉴定的病害种类与原始母树所感染的相同。

8.3 热处理＋茎尖嫁接脱毒技术的操作。供脱毒的植株每天在 40℃有光照条件下生长 16 小时和在 30℃黑暗条件下生长 8 小时,连续 10～60 天后采嫩梢进行茎尖嫁接,其他步骤与 8.2 相同。

9. 柑橘无病毒品种原始材料的网室保存

9.1 网室用 40 目网纱构建,网室内工具专用,修枝剪在使用于每一植株前用 1% 次氯酸钠液消毒。工作人员进入网室工作前,用肥皂洗手;操作时,人手避免与植株伤口接触。

9.2 每个品种材料的脱毒后代在网室保存 2～4 株,用作柑橘无病毒品种原始材料。

9.3 网室保存的植株除有特殊要求的以外,采用枳作砧木。

9.4 网室保存植株用盆栽,盆高约 30 厘米,盆口直径约 30 厘米。

9.5 网室保存植株每年春梢萌发前重修剪 1 次,每隔 5～6

年,通过嫁接繁殖更新。

9.6 网室保存植株每年调查 1 次黄龙病、柚矮化病和甜橙茎陷点病发生情况,每 5 年鉴定 1 次裂皮病、碎叶病、温州蜜柑萎缩病和鳞皮病感染情况。发现受感染植株,立即淘汰。

10. 无病毒母本园的建立与管理

10.1 地点

10.1.1 在黄龙病发生区,柑橘无病毒母本园建立在由 40 目塑料纱网构建的网室内,或建立在与其他柑橘种植地的隔离状况符合 GB 5040 规定的田间。

10.1.2 在非黄龙病发生区,柑橘无病毒母本园建立在田间,用围墙或绿篱与其他柑橘种植地隔开。

10.2 无病毒母本树的种植株数

每个品种材料的无病毒母本树在无病毒母本园内种植 2~6 株。

10.3 管理

10.3.1 无病毒母本树启用的时间

植株连续结果 3 年显示其品种固有的园艺学性状后,开始用做母本树。

10.3.2 柑橘无病毒母本树的病害调查、检测和品种纯正性观察以及处理方法。每年 10~11 月,调查黄龙病发生情况,调查病害的症状依据见附录 B。每年 5~6 月,调查柚矮化病和甜橙茎陷点病发生情况,调查病害的症状依据见附录 B。每隔 3 年,应用指示植物或 RT-PCR 或血清学技术检测裂皮病、碎叶病和温州蜜柑萎缩病感染情况。每年采果前,观察枝叶生长和果实形态,确定品种是否纯正。经过病害调查、检测和品种纯正性观察,淘汰不符合本规程要求的植株。

10.3.3 用于柑橘无病毒母本树的常用工具专用,枝剪和刀、锯在使用于每株之前,用 1‰次氯酸钠液消毒。工作人员在进入柑橘无病毒母本园工作前,用肥皂洗手;操作时,人手避免与植株伤口接触。

11. 无病毒采穗圃的建立与管理

11.1 地点

11.1.1 在黄龙病发生区,无病毒采穗圃建立在 40 目塑料纱网构建的网室内,或建立在与其他柑橘种植地的隔离状况符合 GB 5040 规定的田间。

11.1.2 在非黄龙病发生区,无病毒采穗圃建立在田间,用围墙或绿篱与其他柑橘种植地隔开。

11.2 管理

11.2.1 繁殖无病毒采穗圃植株所用接穗全部采自无病毒母本园。

11.2.2 无病毒采穗圃植株可以采集接穗的时间,限于植株在采穗圃种植后的 3 年内。

11.2.3 用于柑橘无病毒采穗圃的常用工具专用,枝剪在使用于每个品种材料之前,用 1‰ 次氯酸钠液消毒。工作人员在进入柑橘无病毒采穗圃工作前,用肥皂洗手;操作时,人手避免与植株伤口接触。

11.2.4 每年 5～6 月,调查柚矮化病和甜橙茎陷点病发生情况;10～11 月,调查黄龙病发生情况,调查病害的症状依据见附录 B,调查中发现病株,立即挖除。

12. 无病毒苗圃的建立与管理

12.1 地点

12.1.1 在黄龙病发生区,无病毒苗圃建立在由 40 目塑料纱网构建的网室内,或建立在与其他柑橘种植地的隔离状况符合 GB 5040 规定的田间。

12.1.2 在非黄龙病发生区,无病毒苗圃建立在田间,用围墙或绿篱与其他柑橘种植地隔开。

12.2 管理

12.2.1 繁殖苗木所用接穗全部来自无病毒采穗圃或无病毒母本园。

12.2.2 用于柑橘无病毒苗圃的常用工具专用,枝剪和嫁接刀在使用于每个品种材料之前,用 1‰次氯酸钠液消毒。工作人员在进入柑橘无病毒苗圃工作前,用肥皂洗手;操作时,人手避免与植株伤口接触。

12.2.3 苗木出圃前,调查黄龙病、柚矮化病和甜橙茎陷点病发生情况,调查病害的症状依据见附录 B,发现病株,立即拔除。

附录 A(规范性附录)
应用指示植物鉴定柑橘病毒病和类似病毒危害的标准参数

病 害	指示植物种类(品种)	鉴别症状	适于发病的温度(℃)	鉴定一植株所需指示植物株数
裂皮病	Etrog 香橼的亚利桑那 861 或 861-S-1 选系	嫩叶严重向后卷	27~40	5
碎叶病	Rusk 枳橙	叶部黄斑、叶缘缺损	18~26	5
黄龙病	甜橙	叶片斑驳型黄化	27~32	10
柚矮化病	凤凰柚	茎木质部严重陷点	18~26	5
甜橙茎陷点病	MadaIn vinotls 甜橙	茎木质部严重陷点	18~26	5
温州蜜柑萎缩病	白芝麻	叶中枯斑	18~26	10

续附录 A

病　害	指示植物种类(品种)	鉴别症状	适于发病的温度(℃)	鉴定一植株所需指示植物株数
鳞皮病	凤梨甜橙、madam vinous 甜橙、dweet 橘橙	叶脉斑纹,有时春季嫩梢迅速枯萎(休克)	18~26	5
顽固病	Madam vinlus 甜橙	新叶小,叶尖黄化	27~38	10
木质陷孔病	用快速生长的砧木嫁接的 parson 专用橘	嫁接口和第一次重剪后分枝处充胶	27~40	5
石果病	Dweet 橘橙、凤梨甜橙、madamvinous 甜橙	橡叶症	18~26	5
来檬丛枝病	墨西哥来檬	芽异常萌发引起的枝叶丛生	27~32	10
染色褪绿病	伏令夏橙、哈姆林甜橙	叶正面褪绿斑,相应反面褐色胶斑	27~32	10

附录 B(规范性附录)

田间应用目测法诊断黄龙病、柚矮化病和甜橙茎陷点病的症状依据

病　害	症状依据
黄龙病	叶片转绿后从叶脉附近和叶片基部开始褪绿,形成黄绿相间的斑驳型黄化。发病初期,树冠上部有部分新梢叶片黄化形成的"黄梢"
柚矮化病	小枝木质部陷点严重,春梢短、叶片扭曲

续附录 B

病 害	症状依据
甜橙茎陷点病	小枝木质部陷点严重,小枝基部易折裂,叶片主脉黄化,果实变小

附录 C(资料性附录)
应用快速法鉴定柑橘病毒病和类似病毒病害

方 法		病 害
血清学	A 蛋白酶联免疫吸附法	温州蜜柑萎缩病
	双抗体夹心酶联免疫吸附法	碎叶病、鳞皮病
双向聚丙烯酰胺凝胶电泳		裂皮病和木质陷孔病
分子生物学	多聚酶链式反应	黄龙病、来檬丛枝病和杂色褪绿病
	反转录多聚酶链式反应	裂皮病、木质陷孔病、衰退病和鳞皮病
	半果式反转录多聚酶链式反应	碎叶病

附录二　砂糖橘生产技术规程

1. 范围

本标准规定了砂糖橘的建园方法、栽培技术。

本标准适用于广东省砂糖橘生产。

2. 规范性引用文件

下列文件中的条款通过本标准的引用而成为本标准的条款。凡是注日期的引用文件，其随后所有的修改单（不包括勘误的内容）或修订版均不适用于本标准，然而，鼓励根据本标准达成协议的各方研究是否可使用这些文件的最新版本。凡是不注日期的引用文件，其最新版本适用于本标准。

NY/T 5016 无公害食品柑橘产地环境条件

GB 4285 农药安全使用标准

GB/T 8321（所有部分）农药合理使用准则

NY/T 394—2000 绿色食品　肥料使用准则

3. 产量指标

定植后第三年试产，第四年投产，盛产期每 667 米^2 产量 2 000～3 000 千克。

4. 建园

4.1 选地

宜选择土壤结构良好、土层深厚、肥沃的 pH 值在 5.5～6.5 的壤土地块。选择山地、丘陵建园坡度宜在 25°以下；平地、水田果园要求地下水位 0.5 米以下，排灌方便。新建果园要求与有黄龙病柑橘园的直线距离不少于 1 000 米。

4.2 产地环境

水质和大气质量按 NY/T 394—2000 执行。

4.3 果园规划

选择适合当地条件、生长快、树体高、抗风力强且与柑橘类无共同危险性病虫害的树种,一般选择用台湾相思树、银合欢等。

4.4 山地、丘陵果园建设

4.4.1 开梯田、挖穴

先开等高梯田,然后按一定的株距标准定点挖植穴或开条沟,穴长、宽各 1 米,深 0.6~0.8 米。

4.4.2 施基肥

每个植穴分层埋入绿肥杂草 70 千克、石灰 0.5 千克、有机肥 30 千克、过磷酸钙 0.5 千克并与表土充分混合,回土筑成高出地面 0.2~0.3 米的土墩。

4.4.3 排灌系统设置

4.4.3.1 环山排洪沟

在果园顶部设置环山排洪沟,切断径流,防止山顶洪水冲入果园。环山排洪沟深、宽不少于 0.5 米,比降 0.2。

4.4.3.2 纵排水沟

在纵路两侧设宽、深为 0.3 米×0.3 米的排水沟,并每隔 20~30 米的地方设一个消力池,开成"跌水式"纵沟,消力池宽、长、深各 0.5 米。

4.4.3.3 横向排灌沟

每一梯级内侧挖一深、宽各 0.2 米的"竹节沟",使梯级内多余的积水排至纵排水沟。

4.4.3.4 灌水设施

在果园顶部挖蓄水池,并配置抽水和灌水设备。

4.5 平地、水田果园建设

4.5.1 整地

犁翻风化、平整土地,然后按一定的株行距起畦或起墩,地下水位低于 0.5 米以下的起畦种植,地下水位 0.5 米以上的起墩种植,土墩宽 1 米、高 0.3～0.5 米,以后逐年培土扩大成畦。

4.5.2 修建三级排灌系统

4.5.2.1 畦沟

挖宽 0.5 米、深 0.6 米的畦沟。

4.5.2.2 环园沟

环园沟宽 0.7 米、深 0.8 米。

4.5.2.3 排水沟

排水沟宽 0.9 米、深 1 米,通向排水总渠。

5. 种植

5.1 种苗要求

苗高 0.5 米以上,3～4 条主分枝,有二级以上分枝,茎粗 0.8 厘米,根系发达,无明显机械损伤,无检疫性病虫害。

5.2 种植时间

秋植宜在 10～11 月秋梢老熟后,也可以在春梢萌芽前或春梢老熟后夏芽萌发前种植。

5.3 种植密度

平地水田株行距为 3 米×3 米,每 667 米² 植 73 株;山地株行距为 3 米×2.5 米,每 667 米² 植 89 株,也可适当密植。

5.4 种植方法

苗干直立,根群均匀分布、舒展,并与泥土密接好,根颈与地面平,覆碎土压实,淋足定根水,植后 2 周内注意淋水、覆盖保持土壤湿润。

6. 幼龄树管理

6.1 肥水管理

6.1.1 施肥

6.1.1.1 施肥时期

在梢前 10～15 天施促梢肥,以速效氮肥为主;壮梢肥在新梢自剪时施,以复合肥为主。

6.1.1.2 施肥量

第一年新植树在植后 1 个月出现萌芽时即施促芽肥,宜每 50 升水加 150 克尿素淋 10 株;自剪时每 50 升水加 200 克复合肥淋 10 株;以后每次梢的施肥浓度加大,但以每株施肥量一次不超 50 克为宜。第二年促梢肥株施尿素 50～100 克,壮梢肥株施复合肥 50～150 克。第三年促梢肥株施尿素 100～150 克,壮梢肥株施复合肥 150～250 克,同时配合施用腐熟有机肥。

6.1.1.3 施肥方法

第一、第二年施肥以水肥泼施或雨后撒施树盘四周为主,第三年开始则在树冠滴水线开 10～20 厘米深的环沟,施肥回土。每次梢的壮梢期可根外喷施 1～2 次叶面肥。

6.1.2 水分管理

春夏多雨季节,要及时排除积水;秋冬遇旱要及时灌水、覆盖保湿。2～3 年生树在秋梢老熟后注意控水,以抑制冬梢和促进花芽分化。

6.2 梢期安排

幼龄树每年留 3～4 次梢。定植后第一年、第二年每年留 4 次梢,放梢时间:春梢 2 月、夏梢 5 月上旬、第二次夏梢 7 月中旬、秋梢 9 月中旬。第三年初结果树留 3 次梢,放梢时间:春梢 2 月、夏梢 7 月中旬、秋梢 9 月上旬。

6.3 抹芽放梢

每次基梢自剪前适当摘心促芽。在新芽吐出 2～3 厘米时及时抹去,等到每株有 80% 以上的芽萌发,并且全园有 80% 的树萌芽时才统一放梢。在新芽长至 5～6 厘米,及时疏去过多的弱芽,疏芽时考虑芽的着生方向,每条基梢上只留 2～3 条分布合理的健壮芽。

6.4 整形修剪

在新梢老熟后或萌发前用细绳将主枝拉成 50°～60°角(松绑

后回复 45°角),25～30 天后解绳,使树冠开张。及时抹除脚芽和徒长枝;对过长枝梢,保留 8～10 片叶短截。1～2 年生有花蕾的幼龄树要把花蕾全部摘除。

6.5 土壤管理

6.5.1 间种

利用空地间种豆科草本绿肥,保水增肥,防止水土冲刷流失。

6.5.2 中耕除草

在秋季和采果后各中耕 1 次,中耕深度为 10～15 厘米;除去树盘内的杂草。

6.5.3 培土

种植后第三年开始,柑橘园每年要进行冬季培土,每次培土厚度 3～5 厘米,逐年扩大树盘。

6.5.4 改土

丘陵、山地果园在植后 5 年内完成深翻改土。在每年秋末草料多时进行或在 11～12 月结合断根控水进行。方法是每次在原定植坑两边各扩 1 个长 0.5 米、深 0.4 米的穴,分层埋入绿肥、土杂肥或经腐熟的厩肥、花生麸等,再施入石灰后覆土。每年轮换方向扩 1 次,逐年将种植穴扩大。

7. 结果树管理

7.1 施肥

7.1.1 施肥次数和时间

7.1.1.1 促花促梢肥

在春梢萌发前施下,以速效氮肥为主。

7.1.1.2 谢花肥

根据花量和树势,在谢花后施,以复合肥为主,配合叶面喷施。

7.1.1.3 促秋梢肥

在 7～8 月放梢前 10～15 天施下,以速效氮肥为主,配合施用有机肥。

7.1.1.4 采果前后肥

在采果前 10～15 天，对结果比较多的树或弱树要施 1 次速效肥以恢复树势。采果后施采后肥，以有机质肥为主，加入过磷酸钙、石灰和适量速效氮肥。

7.1.2 施肥量

有条件的果园实行以产计肥，以每产 50 千克果计纯氮 0.5～1 千克，比为 1∶0.3～0.5∶0.8，可根据上述比例选用花生麸、复合肥、尿素和氯化钾，有机氮与无机氮施用比为 4.5∶5.5。上述 4 次肥的施用量分别约占全年施用总量的 20%、10%、40%、30%。

7.1.3 肥料种类

按 NY/T 394－2000 中的 5.1.2 的规定选择肥料种类。可施用尿素、复合肥、磷酸二氢钾等化肥和花生麸、鸡粪等有机肥，主要以有机肥为主、化肥为辅。

7.2 培养健壮秋梢

7.2.1 放秋梢时间

在"立秋"前后开始放梢，但壮旺树和结果少的树可推迟到"处暑"至"白露"放梢，老树、弱树、结果多的树则可提早到"大暑"后，"立秋"前放梢。

7.2.2 夏剪促梢

夏剪时间在放梢前 10～15 天完成，以短截为主、疏枝为辅。短截衰弱枝群、落果枝、徒长枝等，剪除病虫枝、无效枝。对结果较多的树，适当疏除部分单顶果。剪口粗度 0.3～0.5 厘米。

7.2.3 壮梢

在放梢前 10～15 天施好秋梢肥。新梢长至 5～6 厘米时及时疏芽定梢，每枝保留 2～3 条分布合理的健壮新芽。在新梢转绿期，根据树势进行根外追肥，可喷施 0.3% 的尿素加 0.2% 的磷酸二氢钾和 0.5% 的硫酸镁混合液，每隔 7～10 天 1 次，共 2～3 次。秋梢期如遇秋旱，要及时灌水促梢壮梢。

7.3 促进花芽分化

7.3.1 控水、断根促花

秋梢老熟之后开始控水,对地下水位较高的果园要挖深畦沟,并翻土 10～15 厘米,锄断表层根群,创造适度的干旱条件,以利花芽分化。

7.3.2 药物促花

秋梢老熟后喷 500 毫克/千克多效唑或 20～40 毫克/千克的 2,4-D 溶液 1～2 次,隔 20～30 天喷 1 次。

7.4 保花保果

7.4.1 疏梢和摘芽

适当疏剪树冠顶端生长过旺的春梢;及时摘除夏梢,隔 3～5 天 1 次,直到放秋梢或迟夏梢。适当疏除内膛枝。

7.4.2 调控肥水

在花蕾期用 0.3% 尿素、0.2% 磷酸二氢钾、0.2% 硼砂、0.2% 硫酸镁溶液中部分或全部喷 1～2 次。谢花后根据树势和挂果量适当根外追肥;春季如遇干旱要注意灌水保湿,夏季多雨则要及时排除积水。

7.4.3 药物保果

在谢花 2/3 左右时喷 20～30 毫克/千克赤霉素溶液,30 天后视坐果情况再喷 1 次 5～10 毫克/千克的 2,4-D 溶液。

7.4.4 环割保果

壮旺树在谢花后至春梢老熟期间,当生理落果至理想果量时,选择阴天或晴天,用小刀在主干或主枝上环割一刀,切断韧皮部。

7.5 冬季清园

7.5.1 除草

在采果前铲除全园杂草,可结合果园深翻改土,将杂草压绿,也可作树盘覆盖。

砂糖橘栽培 10 项关键技术

7.5.2 冬剪

在采果后至萌芽时进行。主要剪除枯枝、病虫枝；短截交叉枝、徒长枝和衰退枝，对剪除的枝条、落叶要及时收集并全部烧毁。

7.5.3 喷药

在冬剪后，全园要喷药 1 次，主要防治红蜘蛛、锈蜘蛛、介壳虫类和溃疡病。可喷用新鲜牛尿、石硫合剂等。

8. 病虫害防治

8.1 防治原则

以农业防治和生物防治为基础，按照病虫害的发生规律，科学使用化学防治技术，有效控制病虫害。

8.2 防治方法

8.2.1 农业防治

通过加强土肥水以及树体整形修剪，增强树势，提高树体自身抗病虫能力。及时挖除黄龙病株，减少病虫源。

8.2.2 生物防治

根据当地病虫情况，通过人工引移、繁殖的方法培养害虫天敌，降低害虫的田间发生率。

8.2.3 化学防治

按 GB 4285 和 GB/T 8321 合理使用农药，优先考虑使用生物农药。

9. 采收与贮藏

用于保鲜贮藏的在七八成熟时采收，鲜食的则要充分成熟才采果。高产树和弱树要提早和分批采收，要求在 12 月采收完毕。采摘前 10 天停止灌水，并在晴天露水干后采果。采果时带 1～2 片叶剪下果枝，然后剪平果柄。提倡用采果袋，轻采轻放，减少损伤。

摘果后应当天浸药。选择无病虫害、无机械损伤的果，进行保鲜处理、分级包装。